水氮胁迫下草地旱熟禾 *NRT* 家族基因调控机制的研究

陈 阳 金一锋 著

黑龙江大学出版社

HEILONGJIANG UNIVERSITY PRESS

哈尔滨

图书在版编目（CIP）数据

水氮胁迫下草地早熟禾 NRT 家族基因调控机制的研究 /
陈阳，金一锋著 . -- 哈尔滨 ： 黑龙江大学出版社，
2024.5（2025.3 重印）
　　ISBN 978-7-5686-1022-3

　　Ⅰ . ①水… Ⅱ . ①陈… ②金… Ⅲ . ①草地早熟禾—
基因表达调控—研究 Ⅳ . ① S54

中国国家版本馆 CIP 数据核字（2023）第 169855 号

水氮胁迫下草地早熟禾*NRT*家族基因调控机制的研究
SHUIDAN XIEPO XIA CAODI ZAOSHUHE *NRT* JIAZU JIYIN TIAOKONG JIZHI DE YANJIU
陈　阳　金一锋　著

责任编辑　高　媛
出版发行　黑龙江大学出版社
地　　址　哈尔滨市南岗区学府三道街 36 号
印　　刷　三河市金兆印刷装订有限公司
开　　本　720 毫米 ×1000 毫米　1/16
印　　张　13.25
字　　数　223 千
版　　次　2024 年 5 月第 1 版
印　　次　2025 年 3 月第 2 次印刷
书　　号　ISBN 978-7-5686-1022-3
定　　价　54.00 元

本书如有印装错误请与本社联系更换，联系电话：0451-86608666。

前　　言

　　草地早熟禾(*Poa pratensis* L.)是优良冷季型草坪草之一,我国多用于北方城市草坪建植。氮素利用率低及干旱是制约草地早熟禾生长及观赏质量的主要因素。培育氮素利用率高且耐旱的品种是目前草地早熟禾生产中亟须解决的问题。植物硝酸盐转运蛋白(nitrate transporter, NRT)包含高、低及双亲和NO_3^-吸收转运系统,可有效调节与转运NO_3^-,提升氮素利用率。本书采用单一氮素或单一干旱及水氮互作胁迫,研究草地早熟禾硝酸盐转运特性,筛选和挖掘耐氮耐旱的硝酸盐转运蛋白基因。深入分析和探究草地早熟禾 *NRT* 家族基因调控氮素转运和代谢的分子机制,研究结果为进一步改良和提高草地早熟禾氮素利用率,完善草地早熟禾氮素营养及干旱胁迫的响应机制提供理论依据。

　　本书研究以草地早熟禾"Midnight Ⅱ"为试材进行不同水氮胁迫处理,在分子水平上探索 *NRT* 家族基因调控机制。主要研究内容有:利用 RNA – seq 分析并筛选出耐氮耐旱的硝酸盐转运蛋白基因;草地早熟禾 *NRT* 家族基因克隆及生物信息学分析;水氮处理下 *NRT* 家族基因表达调控分析,初步揭示 *NRT* 的功能及表达机制。

　　本书由国家自然科学基金(31501785)、黑龙江省科学基金(QC2017026)和黑龙江省省属高等学校基本科研业务费科研项目(145309210)共同资助。本书共六章,由齐齐哈尔大学陈阳和金一锋共同撰写,陈阳负责撰写第 1 ~ 3 章,共计11.3 万字;金一锋负责撰写第 4 ~ 6 章,共计 11 万字。

陈阳　金一锋

2024 年 2 月

目　录

第1章 绪 论

1.1 本书研究背景与意义

草坪作为园林绿化的重要组成部分,对改善生态环境、维护生态平衡有着重要的作用。草坪业是耗水、耗肥产业,需要投入大量人力、物力、财力进行草坪管理与养护。氮素营养和水分是影响草坪草的生长情况及观赏价值的主要因素。灌溉量较少时,土壤水分含量低,影响草坪草的正常生长,但过多又会增加草坪草病虫害发生的概率。若施氮量过少,草坪草的养分不够,易造成草坪草生长缓慢且观赏质量较差。但施氮量过高,会增加草坪建植养护成本及造成环境污染。所以如何提高氮素利用率和草坪草抗旱性一直是草坪草研究领域的重点及难点。草地早熟禾(*Poa pratensis* L.)是优质的禾本科冷季型草坪草,凭借抗低温、叶色浓绿等优势,多用于北方城市的园林草坪建植。草坪草在缺氮、缺水情况下,多出现黄化、低矮、抗逆能力差等现象。在旱地生态系统中,硝态氮是植物生长发育的主要氮素来源,土壤干旱会不利于氮素的吸收,尤其是植物硝态氮的同化,而未被植物吸收的硝态氮易淋移和挥发进入地表水、地下水及大气,造成污染。因此,硝态氮吸收和转运过程受到研究者们的关注。硝酸盐是硝态氮的主要存在形式,在土壤中存在的浓度范围差异较大。植物通过进化得到复杂的硝酸盐转运系统来感知和同化土壤提供的硝酸盐。

高等植物存在的硝酸盐转运蛋白包括高亲和转运系统(high - affinity transport system, HAT),低亲和转运系统(low - affinity transport system, LAT)和双亲和转运系统。高亲和硝酸盐转运蛋白主要由 *NRT2* 家族编码,在外源硝态氮浓度较低时发挥作用,低亲和硝酸盐转运蛋白主要由 *NRT1* 家族编码,在外源硝态氮浓度较高时发挥作用。*AtNRT*1.1(拟南芥, *Arabidopsis thaliana*)、*OsNRT*1.1

(水稻, *Oryza sativa*)对硝酸盐转运系统呈双亲和的显著特性,可以使植物在高亲和与低亲和系统间转换,更利于植物对硝态氮的利用。硝酸根离子的吸收是植物硝态氮利用过程的第一步,这也使硝酸盐转运蛋白成为植物氮素营养系统的关键生物大分子之一,在吸收和感知外界硝酸盐及信号调控方面有着重要的作用。

为了对草地早熟禾水分和氮素代谢机制有更深入的了解,迫切需要挖掘与草地早熟禾响应不同干旱和氮素环境过程相关的功能基因,进行功能和表达调控特征分析,从基因、蛋白质、组织器官及生理代谢等不同层面进行综合鉴定和分析。一方面鉴于 *NRT* 家族基因在植物氮素同化过程中的关键作用,以及在一些植物中已经被证明转基因超量表达后具有改变植株氮素利用率的潜在能力,并且 *NRT* 家族基因在草地早熟禾中至今尚属未知;另一方面鉴于氮素利用与干旱胁迫之间的密切关系,为更好地了解水氮处理时 *NRT* 家族基因及硝酸盐转运系统的调控机制,探究水分、氮素双因素调控对草地早熟禾氮代谢及抗旱机制的影响,本书的主要内容和目标是:(1)利用 RNA – seq,分析转录组水平的 *NRT* 家族基因响应氮素胁迫的调控机制,筛选得到高亲和、低亲和及双亲和硝酸盐转运蛋白;分析转录组水平的 *NRT* 家族基因响应干旱胁迫的调控机制,筛选得到抗旱性强的硝酸盐转运蛋白;分析转录组水平的 *NRT* 家族基因响应水氮胁迫的调控机制,筛选得到高亲和且耐旱性强的硝酸盐转运蛋白;(2)克隆草地早熟禾 *NRT* 家族基因 *NRT*2.1、*NRT*2.4、*NPF*8.3 和 *NPF*5.8,并进行详细的 *NRT* 家族基因生物信息学分析;(3)利用 qRT – PCR 方法分析草地早熟禾 *NRT*2.1、*NRT*2.4、*NPF*8.3 和 *NPF*5.8 基因在不同组织、氮素、干旱和水氮胁迫下的表达水平,揭示 4 个 *NRT* 家族基因响应不同氮素形态、氮素浓度、干旱和水氮胁迫的调控机制。

1.2　硝态氮吸收和转运的生理学机制

氮素是植物组织中重要的矿质元素,在土壤中有多种形式,最常见的包括硝态氮、铵态氮和氨基酸。植物通过根部吸收 NO_3^- 后,可通过四种途径分配到其他的组织细胞中:第一种途径,将 NO_3^- 还原为铵态氮,最终转化为氨基酸;第二种途径,通过质膜的作用外排到共质体部位;第三种途径,通过木质部的长距离运输,将 NO_3^- 运送至叶部;第四种途径,NO_3^- 被细胞的大液泡吸收,并储存于叶肉细胞中。硝酸盐通过根系表皮细胞和皮层细胞的质膜进行主动转运工作,通过主动流入和被动流出过程保持平衡。NO_3^- 的吸收与两个质子沿电化学势梯度向下运动有关,并且依赖 ATP 供给所需能量。生理学研究表明,植物在不同 NO_3^- 浓度中,存在高亲和和低亲和硝酸盐吸收和转运系统。LAT 在高浓度 NO_3^- 时进行吸收和转运 NO_3^- 的工作,HAT 在低浓度 NO_3^- 时发挥转运 NO_3^- 能力,其中 HAT 又分为两类,分别是诱导型高亲和转运系统和组成型高亲和转运系统。

早期的 NO_3^- 生理学研究方法主要是利用外界 NO_3^- 的消耗量来确定植物对 NO_3^- 的净吸收速率,但是根部 NO_3^- 的吸收与外排是一个动态变化的过程,两者同时进行,此方法不能准确测定植物吸收 NO_3^- 的数值。后来,研究者们挖掘利用含有同位素^{36}Cl的氯酸盐来替代 NO_3^-,进一步计算吸收动力学参数,但是氯离子的毒性较大,植物可能受到氯胁迫,这显著影响数据的准确性。目前,研究者们利用氮稳定同位素(^{15}N 和^{13}N)来测定植物 NO_3^- 吸收动力学特征。李阳利用^{15}N质谱手段测定了幼苗对 NO_3^- 吸收速率,发现抑制 *CsNRT2.1* 的表达将会降低幼苗在低氮环境中对 NO_3^- 的吸收,对高氮环境中幼苗的 NO_3^- 吸收过程无影响。

综上可见,植物在低氮和高氮环境中,硝态氮的吸收和转运的生理过程差异显著,这对深入挖掘植物体内硝酸盐转运的分子机制尤为重要,可以更全面、系统地了解植物硝态氮吸收和转运过程。

1.3 硝态氮吸收和转运的分子机制

1.3.1 植物硝酸盐转运蛋白 *NPF* 家族基因研究进展

硝酸盐转运蛋白的主要作用为吸收硝态氮,调节氮素的吸收、同化与再利用。首次在拟南芥中获得 *AtNRT*1.1(又名 *CHL*1)基因,被鉴定为硝酸盐转运体,因此将其命名为 nitrate transporter 1(*NRT*1)。随着不同 *NRT*1 家族基因功能的鉴定,*NRT*1 家族基因的命名经历了多次变更。研究发现 *NRT*1 家族不仅可以转运硝酸盐,也可以转运二肽,将 *NRT*1 归为 peptide transporter(*PTR*)家族。随

着 *NRT*1 家族基因在转运离子的生理功能方面的深入研究，发现生长素(auxin)、脱落酸(abscisic acid，ABA)、硫代葡萄糖苷(glucosinolate)均可作为底物进行转运，将此部分基因归为 proton - coupled oligopeptide transporter(*POR*)家族。2014 年，为了更便捷地统一 *NRT*1 家族基因的命名，按照系统进化关系将 *NRT*1 家族基因命名为 NRT1/PTR family(*NPF*)，此命名方式得到众多研究者的认可。

植物 *NPF* 家族按照结构和功能可分为 8 类，*NPF*1 到 *NPF*8。*NPF*1 亚家族是一种高亲和硝酸盐转运体。*NPF*2 亚家族含有成熟的硝酸盐和硫代葡萄糖苷转运体。*AtNPF*2.5 是拟南芥根系 Cl⁻ 外排的重要转运体，有助于拟南芥幼苗 Cl⁻ 外排。水稻硝酸盐转运体 *OsNPF*2.2 可以从木质部卸载硝酸盐，影响根到芽的硝酸盐转运和植株发育。*NPF*3 亚家族是 8 个家族中最小的亚科，起着叶绿体中亚硝酸盐摄取的作用。*NPF*4 亚家族主要参与 ABA 转运过程。*NPF*5 亚家族是最大的亚科，占总亚科的 25% 序列，主要作为二肽或三肽的转运体。*AtNPF*5.5 影响拟南芥胚胎中氮素积累。*NPF*6 亚家族基因多为双亲和硝酸盐转运体。将 *NRT*1/PTR 家族的 *NRT*1.1 基因命名为 *AtNPF*6.3，通过 T - DNA 插入法获得其突变体后，验证其具有转运硝酸盐的功能，通过后续的蛙卵表达系统及 *NRT*1.1 拟南芥突变体表达发现，其为双亲和硝酸盐转运体，其在外源高氮及低氮情况下都可以进行氮素调控。拟南芥硝酸盐转运体基因 *NRT*1.3 (*AtNPF*6.4)的突变体，增加了对多胺的抗性。*NPF*7 亚家族以硝酸盐和二肽为转运底物，其中 *AtNPF*7.3 是双亲和硝酸盐转运体。水稻硝酸盐转运体 *OsNPF*7.2 对分蘖数和产量有正向调节作用。*OsNPF*7.7 的两个剪接变异体可调控水稻氮素利用率。*NPF*8 亚家族多为二肽转运体，水稻 *OsNPF*8.9 是一种低亲和硝酸盐转运体。*OsNPF*8.1 是一种水稻多肽转运体，参与了水稻籽粒中二甲酯(dimethyl ester)的积累。

综上可见，目前关于 *NPF* 家族基因的研究主要集中于水稻、小麦(*Triticum aestivum* L.)、大麦(*Hordeum vulgare* L.)、黄瓜(*Cucumis sativus* L.)等作物，针对禾本科植物的研究甚少，克隆并鉴定草地早熟禾 *NPF* 家族基因的功能，将有助于研究草地早熟禾硝酸盐转运过程，丰富草坪草硝酸盐转运机制相关研究。

1.3.2　植物硝酸盐转运蛋白 NRT2 家族基因的研究进展

当根系吸收的硝态氮低时，高亲和转运系统开始运转，并持续数小时，当植物内部含氮化合物积累到一定程度后,此转运系统又会关闭,*NRT2* 家族基因主要编码此类高亲和蛋白。*NPF* 家族基因不同,*NPF* 运输底物存在特异性,但是现有的研究表明,大部分 *NRT2* 主要起到运输硝酸盐的作用。*NRT2* 家族成员在不同的组织、生长阶段和环境条件下表达存在一定差异。*NRT2* 的 mRNA 含量会在外施低氮时迅速增加,其变化还与处理时间、氮素形态有关,当内源氮素达到一定水平后回到之前水平。在拟南芥、大麦、水稻的硝酸盐转运过程的研究中发现,部分高亲和转运蛋白 *NRT2* 需要与 *NAR*（nitrate assimilation related gene）共同完成运输硝酸盐的过程。蛙卵异源表达系统在研究植物硝酸盐高亲和转运蛋白中起到很重要作用,结合酵母双杂交系统、免疫共沉淀、双分子荧光互补技术进一步了解、挖掘、验证植物硝酸盐转运蛋白的调控机制。通过一系列研究发现,*AtNAR*2.1 和 *AtNAR*2.3 有互作及双组分系统,*AtNAR*2.1 可以与 *AtNRT*2.1 ~ *AtNRT*2.6 互作。水稻 *OsNAR*2.1 与 *OsNRT*2.1、*OsNRT*2.2 和 *OsNRT*2.3*a* 相互作用,在不同高、低浓度氮素条件下均起作用。外源硝酸盐浓度、氮饥饿、pH、生长素信号都可调控硝酸盐转运基因的表达。拟南芥 *AtNRT*2.5 在缺氮环境中起着获取和转运硝酸盐的作用。硝酸盐转运蛋白基因家族成员的表达在植物组织器官中也存在较大差异。高粱（*Sorghum bicolon*）耐氮基因型中,高亲和硝酸盐转运体（如 *NRT*2.2、*NRT*2.3 和 *NRT*2.5）转录产物的丰度较高。拟南芥 *NRT*2.1、*NRT*2.2、*NRT*2.4 和 *NRT*2.7 定位于质膜上。在拟南芥中,*NRT*2.1 编码了一个关键的高亲和硝酸盐转运体,对 NO_3^- 的吸收至关重要,Bellegarde 发现,高氮培养基中 *NRT*2.1 表达量极低,这可能是由于 *PRC2*（polycomb repressive complex 2）活性抑制了 *NRT*2.1 基因的表达,*PRC2* 可直接靶向并下调 *NRT*2.1 基因。

　　现有关于禾本科 *NRT2* 家族基因的研究,主要集中于二穗短柄草（*Brachypodiumdistachyum* L.）*BdNRT2* 家族基因,Wang 利用转录组平台鉴定了多个 *BdNRT2* 家族基因,并对其转录产物的丰度进行分析,发现不同氮源和不同氮素浓度显著影响 *BdNRT2* 家族基因的变化。*BdNRT*2.1 作为关键基因,与 *BdNRT*2.2 和 *BdNRT*2.6 形成调控网络,多个 *BdNRT2* 家族基因的组织特异性与氮调控响应的差异较大。本书研究是拟通过转录组平台,分析草地早熟禾 *NRT* 家族基因响应水氮处理的表达调控水平,揭示所获得的草地早熟禾 *NRT* 家族基因的功能,分析草地早熟禾 *NRT* 家族基因中不同成员对组织特异性和水氮处理的响应特征。这将有助于了解草地早熟禾高亲和转运系统响应水氮胁迫的表达过程,为丰富草坪草硝酸盐转运机制相关研究提供理论依据,相关研究在草地早熟禾上尚属空白。

1.3.3　植物硝酸盐转运蛋白基因的表达调控机制

植物在营养生长或生殖生长期间吸收或储存氮素,再将氮素进行二次分配,如从老叶传递到新叶,或者从叶片传递至种子。植物利用从氮库转运来的氮源提供给植物的生殖生长过程。当处于低氮环境时,植物自身会加速从老叶的氮库中将氮源转运给新叶,从而加速老叶的衰老过程,缺氮环境会促进氮素在叶片中的运输。筛管分子(sieve element, SE)和伴胞(companion cell, CC)在韧皮部形成了长距离管道,可进行氮的转运。从薄壁组织或束鞘细胞释放氨基酸、尿素和硝酸盐到叶柄,通过被动转运机制,导入韧皮部。Fan 等人研究发现,拟南芥在韧皮部负载了 *NPF*2.13/*NRT*1.7、*NRT*2.4 和 *NRT*2.5 硝酸盐转运蛋白基因。*NPF*2.13/*NRT*1.7 定位于叶片中的 SE 和 CC,这有利于老叶中氮在韧皮部的装载过程。*NRT*2.4 主要表达于叶主脉的韧皮部或韧皮部薄壁组织中,在氮饥饿条件下,可以从质外体中重新吸收硝酸盐,使氮向 SE 和 CC 中移动。*NRT*2.5 在拟南芥的叶中表达,其细胞定位尚不清楚,但是可以和 *NRT*2.4 共同作用,共同影响叶片中的硝酸盐在韧皮部中的运输过程。*NPF*1.2/*NRT*1.11 和 *NPF*1.1/*NRT*1.12 定位于叶片的伴胞中,不仅在木质部到韧皮部的氮转运过程中发挥作用,还可能在韧皮部氮的装载过程中发挥作用。综上所述,从"氮库"(老叶)通过韧皮部向新生组织或者器官运输氮素过程中,*NRT* 家族基因发挥重要作用。但是,上述相关硝酸盐转运调控的重要基因在草地早熟禾上的研究还未见报道。

通过一系列的硝酸盐转运蛋白和氮同化基因的功能研究发现,过表达基因可以提升氮素利用率,进而增加作物的产量。通过构建水稻过表达高亲和转运体 *OsNRT*2.3*b* 和 *OsNRT*1.1*b* 的植株,发现与正常植株相比,相同的低氮环境中,过表达植株可以促进硝酸盐的吸收,使地上部生物量增加。在低浓度硝酸盐环境中,过表达 *OsNRT*2.1 的植株,其地上部生物量和粮食产量显著增加。过表达 *ZmNRT*1.1*a* 和 *ZmNRT*1.1*b* 的植株在低氮环境中,均可以提升氮素利用率,植株的生物量显著增加。现有关于 *NRT* 家族基因的功能研究主要集中在作物如水稻、小麦和玉米(*Zea mays*)等,过表达 *NRT* 家族基因有助于这些作物提升氮素利用率并增加产量。草坪草 *NRT* 家族基因的克隆与功能鉴定研究处于起步阶段,若能挖掘提高氮素利用率的 *NRT* 家族基因,并获得耐低氮 *NRT* 转基因植株,都将有助于提升草坪草氮素利用率,丰富草地早熟禾耐氮的草种资源。

1.4 氮素对植物生长发育的影响

氮以多种形态存在于植物体内,参与植物的光合作用、呼吸代谢、矿质元素的吸收与转运等过程,并发挥关键作用。氮是核酸、氨基酸、叶绿素等的重要组分之一,其显著影响植物的光合作用。氮素、CO_2 和温度的增加对小麦叶片光合作用的影响显著,CO_2 浓度升高会降低光合作用,较低的温度降低了最大光化学效率(F_v/F_m),但 F_v/F_m 随施氮量的增加而增加。氮素的供应可增加甘蔗的叶绿素含量、羧化酶的数量和活性,总蛋白、糖、总氮和光合相关代谢产物的含量。叶片中氮含量越高,叶绿素含量越高,叶绿体活性越强,光合速率越快。氮的吸收依赖于生物固氮(BNF)和土壤吸收,大豆的产量与总氮的含量呈正相关,土壤固氮量与土壤氮素吸收呈负相关,BNF 对中性土壤氮素平衡起着决定性的作用。氮肥对冬小麦光合作用、籽粒产量和水分利用效率有显著影响。不同施氮量对根系周围土壤矿质氮浓度影响不大,但增加了水稻干物质和地上部氮素积累量。随着施氮量的增加,棉花(*Gossypium* spp.)的氮素利用率明显降低,而磷、钾的利用率明显提高。

施加氮肥可以提高植物的氮代谢关键酶活性,延缓叶片衰老,促进植株氮素吸收和利用。植物衰老过程与一氧化氮、活性氮及相关酶密切相关。外源硝酸盐显著影响 NR、NiR、GS 和 GOGAT 的活性,提高了总氮和一氧化氮含量,同时丙二醛含量显著减少,外源硝酸盐的施用可以作为改善砷毒性的一种经济有效的方法。陈继康研究发现,氮素显著影响氮代谢相关酶的活性,硝酸还原酶活性随着氮素浓度的增加而逐渐升高,谷氨酰胺合成酶、谷氨酸合酶等活性则呈现先升高后降低的趋势。拟南芥对酸雨的抗性与氮代谢和一氧化氮的产生有关,高浓度硝酸盐处理的拟南芥叶片,其坏死率更低,生理参数更好,氧化损伤更小。盐碱地上,施氮量和植株密度对棉花产量和晚熟叶片衰老有显著影响。研究发现冷杉[*Abies fabri*(Mast.)Craib] Rubisco 的活化状态随着叶片氮素含量的增加而下降。低氮培养基中,每个硅藻细胞的氮和总蛋白含量都随着光照的增加而降低,与高氮培养基相比,低氮培养基促进 Rubisco 的活化。氮和钾的添加促进幼树和树桩的生长速率,但抑制细根生物量的合成。

综上可知,氮素的含量将影响光合作用、作物产量、呼吸作用、氮代谢关键酶的活性、根系的生长及叶片的衰老等,氮素显著影响植物的生长发育。

1.5　干旱对氮素利用率影响的研究进展

水、氮是植物生长发育过程中重要的影响因子,两者互相依存、互相影响,大致表现为协同效应、叠加效应、拮抗效应。随着水资源缺乏、过度施肥造成生态环境、经济上的损失,合理灌水、施肥受到广泛重视。在干旱、半干旱地区,如何提高水氮间的协同效应、叠加效应,增强水分及氮素利用率成为研究热点。

干旱条件下合理施肥可促进植物的水分利用效率,旱地作物的水肥耦合效应引起广泛关注,旱地植物营养元素的利用成为国内外研究热点。研究者们选取大量旱地作物,进行系统而有针对性的研究(水氮互作关系),建立水氮耦合模型。EI - Ramady 等人研究发现,干旱条件下施加一定氮肥可以促进作物吸收利用地下水资源,提高作物产量,但过度施肥则会减产。王平等人在研究不同水氮管理对棉花的氮素平衡影响中发现,优化水氮管理可显著减少硝态氮淋移损失。冯鹏等人研究发现,水肥耦合效应可提高玉米的产量,提高青贮品质。Jia 等人的研究表明,适宜的水分灌溉和肥料管理,可以降低玉米生产过程中硝态氮淋失量,提高氮素利用率。杨建昌等人研究发现,水分供应较少时,适量氮肥的添加可一定程度地出现以肥调水的现象,提高水分利用效率。王孟雪等人研究发现,节水的浇灌方式与适量的氮肥相结合后,水稻的产量明显增多,对 CH_4 和 N_2O 的排放量也有显著影响。刘世全等人研究干旱区采用不同施氮灌水处理,发现不同水氮处理可影响细根根长,进而影响南瓜(*Cucurbita moschata*)的产量。栗丽和李志勇研究发现,合理的水氮处理促进冬小麦的生长、产量及水氮利用效率。孙永健研究水稻在水氮互作下氮代谢关键酶活性时发现,其酶活性、氮素利用率和产量间存在相关性。倪瑞军研究发现,灌水方式与氮肥用量显著影响藜麦(*Chenopodium quinoa* Willd.)的生理指标,对硝酸还原酶(nitrate reductase, NR)活性及根重的影响最显著。

总之,适宜的水分和氮素供应对提高植物氮素吸收效率具有显著作用,探究植物在水氮处理中的分子机制,了解水氮处理中植物的调控机制,更有助于发挥水肥耦合效应,达到水肥协调,提升水分和氮素利用率。

1.6　植物激素对氮素利用率影响的研究进展

多年生黑麦草的茎干生物量的增长可以通过施用植物激素 GA3 来显著提高,GA3 可能与氮肥相互作用,促进生物量提高,它还可能与内源性的其他植物激素相互作用。施用细胞分裂素可以减轻因施氮量低而引起的植物生长限制效应,施用细胞分裂素已被证明可以抑制根对氮的吸收,尽管其可能会增强植物茎部的氮分布和转运。因此,多年生黑麦草植株氮素吸收与细胞分裂素生物合成的相互作用受到研究者们的关注。生长素(AUX)是一种碱性转运蛋白,介导信号从芽到根传递,硝酸盐本身可以直接诱导一种 AUX 受体(AFB3)的表达,其突变对硝酸盐调控的根系生长没有影响。钟楚等人研究稻田干湿交替对氮素利用率的影响:干湿交替可引起植物激素含量变化,而植物激素可能在提升氮素利用方面发挥了一定作用。植物激素吲哚-3-乙酸、赤霉素和激动素的预处理过程可以不同程度地减缓盐胁迫对氮素代谢的不利影响。适宜的植物激素和氮素供应对提高植物氮素吸收效率具有显著作用,增加植物的干物质含量。Chen 研究发现,干旱胁迫影响草地早熟禾叶部的植物激素 ABA、JA、BR 的含量,干旱期间其含量显著增加,干旱胁迫显著影响植物激素 ABA、JA、BR 相关合成基因的表达,以及激素信号转导相关基因的表达,干旱期间植物激素的累积和信号转导是否同时促进氮素的吸收与利用值得深入研究。研究植物激素与氮素利用率的关系,挖掘植物激素调控氮代谢的分子机制,将更有助于提升植物的氮素利用率。

1.7　草坪草氮素利用率的研究进展

草坪施肥后氮素的大量淋失一直是草坪管理中亟须解决的问题。王慧等人研究草坪专用控释肥与普通尿素在草坪草中的氮素淋失情况,发现控释肥通过缓慢释放养分过程,可有效降低氮素淋失,显著提高氮素利用率。Wherley 研究暖季型草坪草皮形成的过程中发现,适宜的氮肥可以改善草坪草中的氮代谢相关酶和植物内源激素,并促进草坪草根系分蘖的发生,以及根系的生长。Mangiafico 利用线性平台模型研究了草坪草叶片中氮浓度与叶片颜色和修剪产量的关系,以便掌握植物组织中最适宜的氮素含量,有助于草坪草氮素的管理。Soussana 评价混合草种对高浓度 CO_2 的响应性与氮素利用率的关系,发现 CO_2 浓度升高显著降低了三种草坪草对氮素的吸收,氮素利用率与氮素吸收效率呈负相关。韩朝等人研究发现污泥处理可提高干旱胁迫下草坪的坪观质量,促进高羊茅生物量的合成,根系和叶片中全氮含量和硝酸还原酶活性显著增加,施用污泥可一定程度上提升高羊茅在干旱期间的氮素利用率。通过测定全氮、碱解氮含量的方法,分析不同模式的草地早熟禾与紫花苜蓿(*Medicago sativa* L.)轮作方式对土壤时空动态变化的影响,发现先草地早熟禾后苜蓿的轮作方式可提升土壤氮素含量,有助于提升植物的氮素利用率。Jiang 测定了田间表现差异显著的 6 种草地早熟禾的硝酸盐吸收速率、根部和叶部的硝酸还原酶活性,结果表明,根和叶的硝酸还原酶活性受硝态氮吸收速率的影响较大,氮素利用率与环境硝酸盐水平、硝酸盐吸收速率和硝酸还原酶活性呈负相关。Jiang 等人研究发现,根系硝态氮的减少将显著影响草地早熟禾、多年生黑麦草和高羊茅等禾本科植物的定期刈割或放牧牧草的氮素利用率。不同品种的草地早熟禾氮素利用率在须根、根茎和叶鞘上差异显著,硝态氮的吸收总量与植株总氮和总干物质呈正相关。李静静等人研究发现,当处于同一干旱条件下,增施氮素有助于草地早熟禾叶片含水量、叶绿素含量等生理指标的增加。宋航等人研究发现,水氮互作显著影响草地早熟禾 Rubisco 活性及叶绿素荧光最大光化学效率、光化学淬灭系数等指标。综上所述,氮素浓度引起草坪草体内广泛的生理生化变化,可见,草坪草形成一套对氮素限制的适应性响应过程,利用分子生物学研究草坪草氮素吸收和转运过程,有助于多角度分析草坪草氮素生理和分子机制,改良和提高氮素利用率。

1.8　草地早熟禾分子生物学研究进展

1.8.1　草坪草遗传改良基因资源的发掘

近年来分子生物学技术的大力发展,一方面促使研究者们挖掘植物体内的抗逆基因,另一方面也促使研究者们深入了解在逆境条件下目的基因、蛋白质的功能及潜在的能力。草坪草分子生物学研究主要集中在目的基因的克隆、表达与功能验证,蛋白互作关系、QTL 定位等方面。

Ma 通过 SOS($SOS1 + SOS2 + SOS3$)基因的共表达增强了转基因高羊茅(*Festuca elata* Keng ex E. B. Alexeev)的耐盐性。Li 研究发现结缕草(*Zoysia japonica* Steud.)*DREB*4. 1 在低温胁迫下表达上调,在干旱和盐胁迫下表达先下调后恢复到正常水平。Zhou 研究发现,剪股颖(*Agrostis canina* L.)*Asexp*1 基因参与了植物对热应激反应的激素调节信号通路。Zhang 研究发现,剪股颖 *SAG*12 - *ipt* 基因表达抑制了缺氮或缺磷诱导的叶片衰老过程。Tamura 研究发现,多年生黑麦草(*Lolium perenne* L.)*LpCBF* 基因在低温条件下快速表达,不同的 *LpCBF* 基因(*LpCBF* I *b*、*LpCBF* II、*LpCBF* III *b* 和 *LpCBF* III *c*)在长期低温条件下的表达模式不同。

草地早熟禾优质基因的克隆、功能的验证也取得了一些进展。信金娜采用基因枪转化法获得转基因植株,逆境胁迫后发现,转基因植株比野生型植株抗旱性和耐盐性更强。任清采用 RACE 技术获得 *PpDREB*2 基因全长序列,定量分析显示其在茎、叶中高水平表达,并在高盐和干旱诱导下表达。Xu 研究发现,草地早熟禾参与抗坏血酸 - 谷胱甘肽循环的酶可能在抗旱损伤的抗氧化保护中发挥重要作用。草地早熟禾 *GA2ox* 基因受赤霉素、吲哚乙酸及茉莉酸甲酯三种激素的诱导上调表达。李伟克隆 *pPNAC* 转录因子,表达分析及功能研究显示其在高温、盐胁迫、ABA 处理下均可表达。胡龙兴构建草地早熟禾叶片干旱胁迫 cDNA 文库并进行 EST 功能归类分析。可见,当草坪草处于干旱、盐碱、低温等非生物胁迫时,草坪草的功能基因在逆境中出现差异表达。转录组学的研究在获取物种转录本信息、发现新基因和基因表达调控分析等方面有重要作用,利于草坪草基因资源的挖掘。

1.8.2 基于 RNA – seq 的草坪草及草地早熟禾转录组分析

　　RNA – seq 作为转录组分析中最流行的技术,在草坪草研究中得到了广泛的应用,可深入了解植物应对非生物胁迫、信号转导、代谢激活、基因表达调控等综合机制的变化。Li 利用 RNA – seq 分析评估高羊茅对铅耐受性相关基因及铅耐受性和积累相关的分子机制,GO 和 KEGG 富集分析表明,差异基因主要富集于"能量代谢""萜类和多酮类化合物代谢以及碳水化合物代谢"相关通路。Wang 采用 RNA – seq 分析多年生黑麦草的高温胁迫响应机制,其中热休克蛋白、抗坏血酸过氧化物酶等表现出显著变化,在耐高温方面抗性较强。Bushman 研究草地早熟禾响应盐胁迫期间转录组差异,通过鉴定对照组和盐处理组之间以及盐处理敏感和耐盐种质资源之间差异显著的转录本,推断草地早熟禾中转录因子和"氧化还原过程"途径在耐盐性方面发挥重要作用。Ni 利用RNA – seq 方法分析草地早熟禾蜡质沉积相关的候选基因,获得了多个参与角质层蜡生物合成途径的候选基因,如 *LACS*、*KCR* 和 *CER*1。Chen 研究发现,干旱期间草地早熟禾叶部差异表达基因在"植物激素信号转导"和"MAPK 信号通路"中高度富集,其中 *PYL*、*JAZ*、*BSK* 等上调表达基因参与脱落酸、茉莉酸、油菜素甾醇的激素信号转导。冷暖利用 RNA – seq 分析草地早熟禾在干旱处理下差异基因表达变化,发现植物激素信号转导和碳代谢相关的基因为干旱胁迫相关的应答候选基因。干旱已成为影响草坪草生长和品质的关键因素,植物进化出不同的策略来应对短时间或长时间的干旱胁迫。水稻幼苗的光合参数(气孔导度、蒸腾速率和净光合速率)在 PEG 模拟干旱 3 h 内迅速下降,48 h 后呈上升趋势。参与气孔关闭的 *OsASR*5 在水稻经 PEG 处理后 3 h 和 16 h 分别表现出最高和最低的表达水平。然而,已报道的草地早熟禾在干旱胁迫转录组分析中,对碳代谢和植物激素的生物合成与信号转导等相关基因是否也发生干旱期间的动态变化尚不清楚。因此,应考虑短期和长期干旱反应之间的潜在差异,以便进一步了解草地早熟禾对干旱的反应。本书研究利用 RNA – seq 方法分析草地早熟禾响应不同干旱时期的转录组差异,了解短期干旱主要代谢途径的动态变化,重点研究植物激素信号转导随时间的变化,进一步丰富草地早熟禾对干旱响应机制的研究。

综上可知,草地早熟禾的非生物胁迫相关的转录组分析主要集中于盐胁迫、干旱胁迫中,针对氮胁迫相关转录组分析还没有报道。改善植物氮素的吸收和代谢能力是植物氮素利用方面的关键问题,但不同植物的氮素利用途径有所差异。因此,识别出许多决定氮胁迫应激反应主要代谢途径的候选基因和功能元件(这些基因有望成为提高耐氮性的候选基因),有助于植物的遗传改良工作。本书研究利用 RNA - seq 方法分析草地早熟禾响应氮胁迫的转录组差异,了解不同氮浓度处理下草地早熟禾叶部主要代谢途径的动态变化,重点研究 *NRT* 家族基因响应氮素的表达机制,进一步丰富草地早熟禾对氮素响应机制的研究,为提高草地早熟禾氮素利用率提供理论依据。

1.9 本书研究的目的和内容

本书研究的目的:

(1)明确草地早熟禾硝酸盐转运蛋白 *NRT* 家族基因在水氮处理后的表达模式,筛选耐氮耐旱的 *NRT* 家族基因。

(2)克隆草地早熟禾 *NRT*2.1、*NRT*2.4、*NPF*8.3 和 *NPF*5.8 基因,揭示这 4 个 *NRT* 家族基因响应不同氮素形态、氮素浓度、干旱和水氮互作的表达机制。

本书研究的主要内容:

(1)利用 RNA - seq 技术,进行氮素处理、干旱处理及水氮处理中差异表达基因的 GO 和 KEGG 富集分析,筛选调控作用显著的 *NRT* 差异表达基因。分析转录组水平的 *NRT* 家族基因响应氮素胁迫的调控机制,筛选高亲和、低亲和及双亲和转运蛋白;分析转录组水平的 *NRT* 家族基因响应干旱胁迫的调控机制,筛选耐旱性强的硝酸盐转运蛋白;分析转录组水平的 *NRT* 家族基因响应水氮互作的调控机制,筛选高亲和且耐旱性强的硝酸盐转运蛋白。

(2)克隆草地早熟禾 *NRT* 家族基因 *NRT*2.1、*NRT*2.4、*NPF*8.3 和 *NPF*5.8,并进行 *NRT* 家族基因生物信息学分析,了解其氨基酸理化性质、跨膜区、结构域、同源进化关系等,为其功能验证奠定基础。利用 qRT - PCR 方法分析草地早熟禾 *NRT* 家族基因在水氮处理过程中的表达调控规律。

(3)以草地早熟禾"Midnight Ⅱ"的愈伤组织为材料,研究不同水氮处理对愈伤组织生长及 *NRT* 家族基因表达调控的影响。

第2章 草地早熟禾水氮胁迫转录组学分析

2.1 试验材料与处理

选取草地早熟禾"午夜2号"（Midnight Ⅱ）为供试材料,材料来源于克劳沃（北京）生态科技有限公司。挑选饱满的种子,播种于营养钵中,播种量为 15 g/m²,栽培基质为河沙和蛭石(混合比例为1:1)。培养环境条件:温度为 20±5 ℃,湿度为55%±10%,光照强度为700±50 μmol/(m²·s)。2个月后,将修剪为6 cm高的健康植株根部洗净,转移至1/2霍格兰溶液中,每2天更换 1次水培液,培养1周后进行水氮处理。

(1)氮素处理:配制4种不同氮素浓度的1/2霍格兰溶液,以 NaNO₃ 为氮源,氮素在1/2霍格兰溶液中的浓度分别为 0 mmol·L⁻¹(无氮,no nitrate,简写为 NN),1.5 mmol·L⁻¹(低氮,low nitrate,简写为 LN),7.5 mmol·L⁻¹(适氮, optimal nitrate,简写为 ON),15 mmol·L⁻¹(高氮,high nitrate,简写为 HN),大量元素配制见表2-1,微量元素和铁盐均为原1/2霍格兰溶液所需浓度。用4种营养液分别替代原1/2霍格兰溶液,进行浇灌,培养2周后取样。

表2-1 氮素处理的营养液组成

	无氮组/(mg·L⁻¹)	低氮组/(mg·L⁻¹)	适氮组/(mg·L⁻¹)	高氮组/(mg·L⁻¹)
NaNO₃	0	127.5	637.5	1275
CaCl₂	277.5	277.5	277.5	277.5
KCl	186.38	186.38	186.38	186.38
KH₂PO₄	68	68	68	68
MgSO₄	246.5	246.5	246.5	246.5

（2）干旱处理：将 10% PEG 6000（polyethylene glycol）加入 1/2 霍格兰溶液中,对苗进行处理,时间分别为 0 h、2 h、16 h。

（3）水氮互作处理：将 10% PEG 6000 分别加入到含有 1.5 mmol · L^{-1} 和 15 mmol · L^{-1} NaNO$_3$ 的 1/2 霍格兰溶液中,对苗进行处理,0 h、2 h 后取样。

以上处理后,取叶片迅速放入液氮中,然后置于 −80 ℃贮存。

2.2　RNA 提取、cDNA 文库构建及测序

使用 Illumina 的 NEBNext Ultra RNA 文库准备试剂盒,分别提取不同处理的叶片总 RNA,并使用 Qubit RNA HS 检测试剂盒进行质量检测。测序转录组文库根据 Illumina 的 NEBNext mRNA Library Prep Master Mix Set 和 NEBNext Multiplex Oligos 构建,通过 Illumina 的 HiSeq2500 平台进行测序。

2.3　de novo 的组装

为了保证信息分析的质量,对原始数据进行过滤后得到 clean reads。采用 Trinity 对 clean reads 进行组装,参数为 min_kmer_cov 2。转录本的 ID 号被命名为 TRINITY_ DNa_cX_gY。对于 Trinity 拼接得到的冗余转录本,提取最长的转录本作为 unigene,用作后续分析的参考序列。

2.4　基因功能注释

unigenes 注释是通过 NCBI Blast$^+$ 为 CDD、KOG、COG、NR、NT、Pfam、SWISS – PROT 和 TrEMBL 注释。同源性基于 BLASTx 与非冗余数据库的比较（$E < 10^{-5}$）。基因本体论（GO）功能注释基于 SWISS – PROT 和 TrEMBL 的蛋白注释结果。使用 BLAST2GO Pro v3.0 进行 GO 注释和分析,KEGG 注释采用 KAAS（KEGG 自动注释服务器）。

2.5　基因表达水平的量化方法

为了比较不同基因的估计表达水平,引入 transcripts per million（TPM）的概

念。统计好样本中基因表达量后,比较不同样本的基因表达水平,采用 DESeq ($q < 0.05$)和 $|\log_2(差异倍数)| > 1$ 鉴定差异表达基因(differentially expressed gene, DEG)。

2.6 差异表达基因的 KEGG 通路和功能富集分析

采用 KEGG 对 DEG 中显著富集的代谢途径进行鉴定和分析。通过 KEGG 数据库,对 DEG 的富集途径进行了统计学意义上的标注($q < 0.05$),采用 R 语言中 igraph 包进行功能富集相关分析。采用 GO 对 DEG 中显著富集的功能类别进行鉴定和分析。通过 GO(http:// www. geneontology. org/)对 DEG 进行分类,并对生物过程(biological process)、细胞组分(cellular component)、分子功能(molecular function)三方面进行分析。

2.7 实时荧光定量 PCR 转录组数据验证

选取 20 个 DEG 进行 qRT – PCR 验证,引物及基因 ID 见结果分析中。利用荧光定量仪,采用 qRT – PCR 的相对定量方法,参照 TB Green Premix Ex *Taq* Ⅱ进行试验。qRT – PCR 反应体系为 50 μL,包含:4 μL cDNA,4 μL qRT – F/R,17 μL ddH$_2$O, 25 μL TB Green Premix Ex *Taq* Ⅱ。PCR 条件为:95 ℃预变性 30 s,95 ℃ 5 s、60 ℃ 30 s,共 45 个循环。该试验设生物学重复 3 次,试验重复 3 次,qRT – PCR 的相对基因表达量采用 $2^{-\Delta\Delta Ct}$ 方法计算。然后根据 RNA – seq 和 qRT – PCR 结果的 $\log_2$(差异倍数)进行相关性分析。

2.8 基于转录组分析草地早熟禾 *NRT* 家族基因响应不同水氮胁迫的调控规律

通过 2.4 得到的 CDD、KOG、COG、NR、NT、Pfam、SWISS – PROT 和 TrEMBL 注释数据,查找与 *NRT* 家族基因相关的数据,并进行汇总。利用 2.4 所得到的数据,查找不同水氮处理下 *NRT* 家族基因的表达量,通过 Graphpad Prism7.0 软件进行相关热图的绘制。

2.9　草地早熟禾水氮胁迫转录组学分析

2.9.1　测序数据统计与评估

将 RNA－seq 测序得到的 raw reads 中低质量的、带接头的 reads 去除,得到 clean reads,每组获得的 clean reads 占原始读数的 95.94% 以上,说明构建文库质量良好。得到的平均转录本长度为 695.22 bp,N50 长度为 775 bp,N90 长度为 372 bp(表 2－1)。重新组装得到了 233317 个 unigenes,平均长度为 718.77 bp。

表 2－1　unigene 与转录本的长度统计结果表

	数量	≥500 bp	≥1000 bp	N50	N90	最大长度	最小长度	总长度	平均长度
转录本	691047 个	375977 个	111493 个	775 bp	372 bp	14741 bp	300 bp	480426472 bp	695.22 bp
unigenes	233317 个	125754 个	41007 个	825 bp	369 bp	14741 bp	300 bp	167702133 bp	718.77 bp

2.9.2　基因功能注释

为了预测 unigenes 的功能,进行基因功能注释相关分析,由表 2－2 可知,共有 233317 个 unigenes 获得注释,其中很多 unigenes 在 TrEMBL(122451 个,52.48%)和 NR(121925 个,52.26%)数据库中获得注释。此外,在所有数据库都被注释的有 2795 个 unigenes(1.2%),至少在一个数据库中被注释的有 138064 个unigenes(59.17%)。NR 数据库同源物种分类发现,排在首位的是二穗短柄草(27667 个),其次是节节麦(*Aegilops tauschii*,20308 个),大麦(17414 个)。结果表明:草地早熟禾 unigenes 与禾本科植物序列高度同源,相似度达 89% 以上(图 2－1)。

表 2 − 2　unigenes 在不同数据库中的功能注释分布

数据库	注释数量/个	百分比/%
CDD	61506	26.36
KOG	45847	19.65
NR	121925	52.26
NT	94890	40.67
Pfam	41926	17.97
SWISS − PROT	80324	34.43
TrEMBL	122451	52.48
GO	102118	43.77
KEGG	6939	2.97
至少在一个数据库中被注释	138064	59.17
在所有数据库中被注释	2795	1.2
总和	233317	100

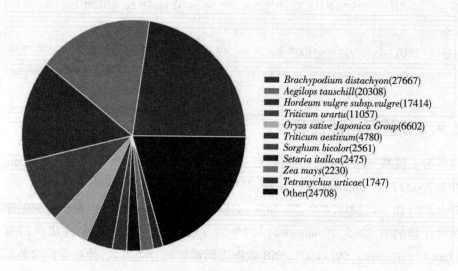

图 2 − 1　同源物种分布饼图

　　共有 102118 个 unigenes 被注释到 GO 数据库中, 主要分为三类: 生物过程
(biological process)、细胞组分(cellular component)和分子功能(molecular func-

tion),见图2-2。在细胞组分中,"cell"和"cell part"中包含的 unigenes 最多。在生物途径中,"cellular process","metabolic process"和"single – organism process"包含的 unigenes 最多。在分子功能中,"binding","catalytic activity"和"transporter activity"包含的 unigenes 最多。有45847个 unigenes 被注释到 KOG 中,共分为25类(图2-3),其中最多的 unigenes 被归类为"signal transduction mechanisms"(8056个),其次是"posttranslational modification, protein turnover, chaperones"(5458个)和"general function prediction only"(5226个)。

KEGG 用于生物体的代谢分析和代谢网络的研究,本书研究将6939个 unigenes 分为214个 KEGG 通路,分布于"cellular processes"、"environmental information processing"、"genetic information processing"和"metabolism"这4个部分。其中"genetic information processing"中"translation"途径含有 unigenes 最多(1756个),其次是"environmental information processing"中"signal transduction"途径含有1229个 unigenes,"metabolism"中"carbohydrate metabolism"途径含有1125个 unigenes(图2-4)。

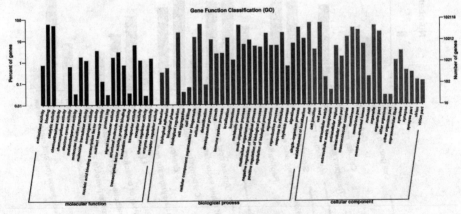

图2-2　GO注释分布柱状图

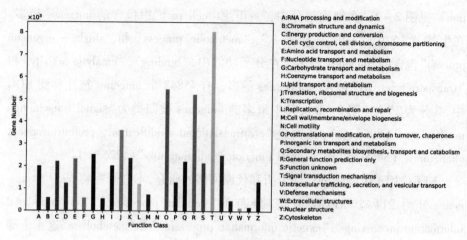

图 2-3　KOG 分类柱状图

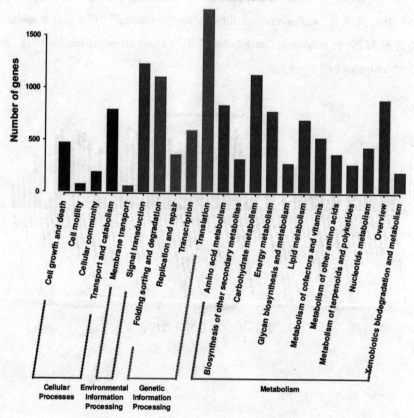

图 2-4　KEGG Pathway 分类柱状图

2.9.3 差异表达基因的分析

2.9.3.1 氮素处理的差异表达基因

不同氮素浓度处理显著影响差异表达基因的数量(图 2 - 5),NN vs ON 中有 6563 个基因上调表达,5441 个基因下调表达;LN vs ON,发现 8510 个基因上调表达,10008 个基因下调表达;HN vs ON 中,鉴定出 2920 个基因上调表达,2240 个基因下调表达。由氮素处理的差异基因韦恩图(图 2 - 6)可知,共有 182 个基因在 NN vs ON、LN vs ON 和 HN vs ON 中均上调表达,698 个基因均下调表达;在 NN vs ON 和 LN vs ON 中共有 342 个基因上调表达,1248 个基因下调表达;在 NN vs ON 和 HN vs ON 中共有 663 个基因上调表达,244 个基因下调表达。在 LN vs ON 和 HN vs ON 中共有 830 个基因上调表达,809 个基因下调表达。

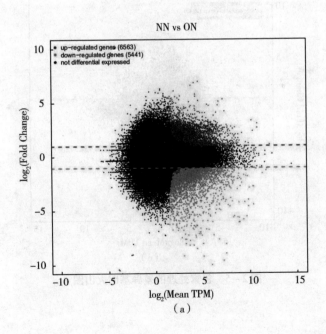

(a)

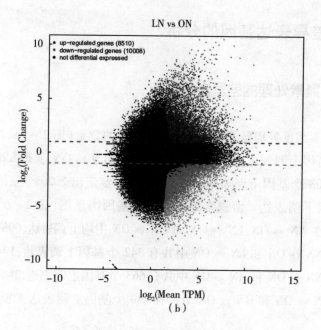

(b)

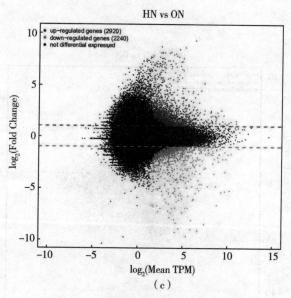

(c)

图 2-5　氮素处理的差异基因火山图

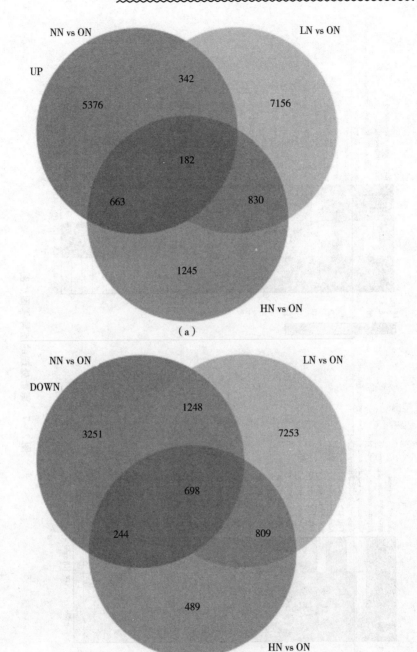

（a）

（b）

图 2-6　氮素处理的差异基因韦恩图

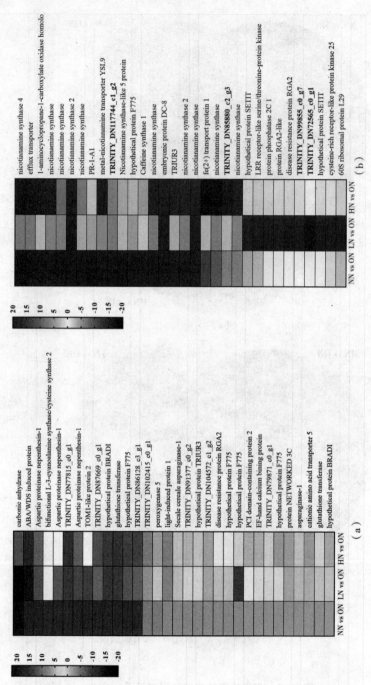

图 2 - 7　氮素处理的差异基因热图

本书研究将显著响应氮素调控的差异基因表达量进行汇总,见图 2 - 7。在 NN vs ON、LN vs ON 和 HN vs ON 中,carbonic anhydrase、ABA/WDS induced protein、aspartic proteinase nepenthesin - 1 和 glutathione transferase 上调表达最显著,差异倍数在 9.74 ~ 20.40 之间,低氮及高氮浓度均促进其表达(图 2 - 7)。bifunctional L - 3 - cyanoalanine synthase/cysteine synthase 2 仅在无氮环境中高度表达,表达量 |log$_2$(差异倍数)| 高达 16.56,氮饥饿期间,该基因可能发挥重要作用。在 NN vs ON、LN vs ON 和 HN vs ON 中,多个烟酰胺合成酶(nicotianamine synthase 4、nicotianamine synthase 2 和 nicotianamine synthase)基因显著下调表达,硝态氮浓度过多或过少均显著抑制其表达(图 2 - 7)。

2.9.3.2　干旱处理的差异表达基因

PEG 干旱 2 h 与 PEG 干旱 0 h 相比(2 h vs 0 h),鉴定出 15536 个上调表达基因和 14470 个下调表达基因;PEG 干旱 16 h 与 PEG 干旱 2 h 相比(16 h vs 2 h),鉴定出 16420 个上调表达基因和 14498 个下调表达基因;PEG 干旱 16 h 与 PEG 干旱 0 h 相比(16 h vs 0 h),鉴定出 5110 个上调表达基因和 4030 个下调表达基因(图 2 - 8)。在 2 h vs 0 h 和 16 h vs 0 h 中共有 1091 个基因上调表达,2904 个基因下调表达;16 h vs 2 h 和 16 h vs 0 h 中共有 2544 个基因上调表达,668 个基因下调表达;2 h vs 0 h、16 h vs 2 h 和 16 h vs 0 h 中共有 24 个基因上调表达,36 个基因下调表达(图 2 - 9)。cycloartenol synthase、*SETIT*、adagio - like protein 3 和 thiamine thiazole synthase 2 在整个干旱期间持续下调表达最显著,16 h vs 0 h 期间表达量 |log$_2$(差异倍数)| 超过 4.5,干旱胁迫抑制其表达(图 2 - 10)。leucoanthocyanidin dioxygenase、*psaC*、*DnaJ*、*bHLH*130 和 squalene synthetase 在整个干旱期间持续上调表达,16 h vs 0 h 期间表达量的 |log$_2$(差异倍数)| 超过 4.6(图 2 - 10)。leucoanthocyanidin dioxygenase、*psaC*、*DnaJ*、*bHLH*130 和 squalene synthetase 积极响应干旱胁迫,耐旱能力较强,可作为关键基因提高草地早熟禾的耐旱性。

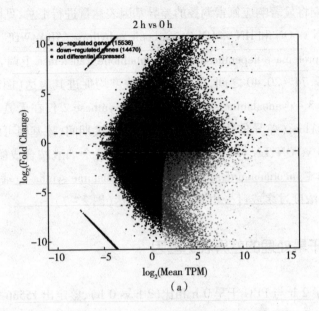

（a）

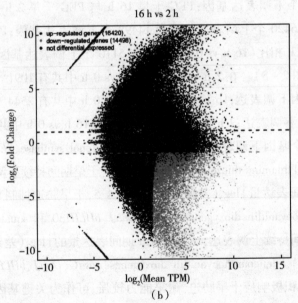

（b）

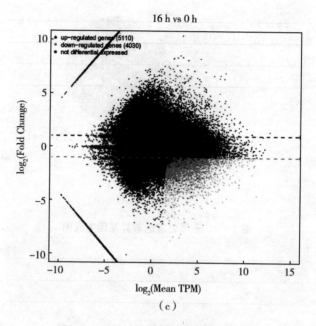

（c）

图2-8　干旱处理的差异基因火山图

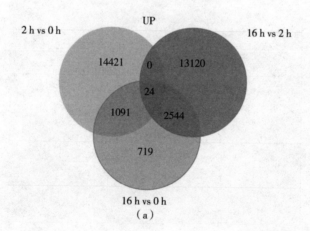

（a）

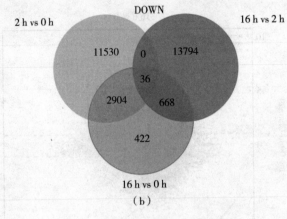

（b）

图 2 - 9　干旱处理的差异基因韦恩图

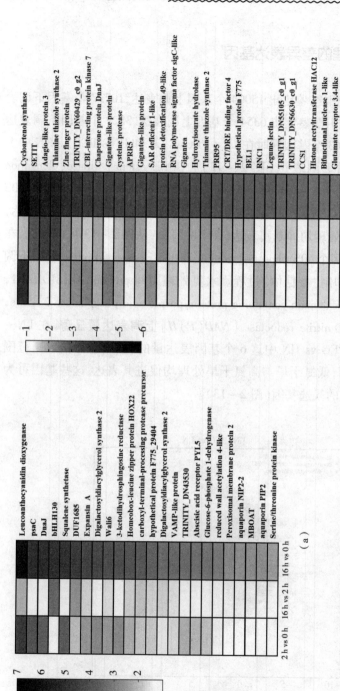

图 2 - 10　干旱处理的差异基因热图

2.9.3.3　水氮处理的差异表达基因

LN + PEG 与 LN 相比,鉴定出 15004 个基因上调表达,10737 个基因下调表达;HN + PEG 与 HN 相比,鉴定出 6354 个基因上调表达,3829 个基因下调表达(图 2 - 11)。共有 5763 个基因同时在 LN + PEG vs LN 和 HN + PEG vs HN 中上调表达,7474 个基因下调表达(图 2 - 12)。GDSL esterase/lipase、elongation factor 1 - alpha、candidate secreted effector protein、sucrose transporter 和 40S ribosomal protein s23 在 LN + PEG vs LN 和 HN + PEG vs HN 中均显著下调表达,低氮干旱与高氮干旱处理均抑制其表达(图 2 - 13)。从图 2 - 13 可以看到,在 HN + PEG vs HN 中,多个 40S ribosomal protein 和 60S ribosomal protein 基因下调表达,高氮干旱显著抑制"核糖体"过程。水氮处理期间 protein SORBIDRAFT, protein EUTSA、F - box domain containing protein,purple acid phosphatase 2 - like, actin, cytoplasmic 2 和 nitrite reductase [$NAD(P)H$] 上调表达最显著,在 LN + PEG vs LN 和 HN + PEG vs HN 中这 6 个基因表达量的 |$\log_2$(差异倍数)| 范围在 7.90 ~ 23.80 之间,低氮干旱与高氮干旱处理均促进其表达,这些基因可为草地早熟禾耐氮耐旱的候选基因(图 2 - 13)。

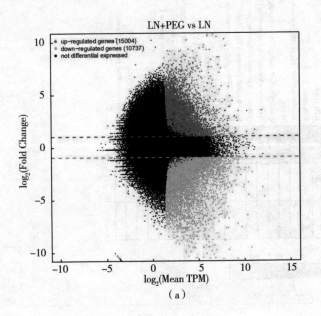

(a)

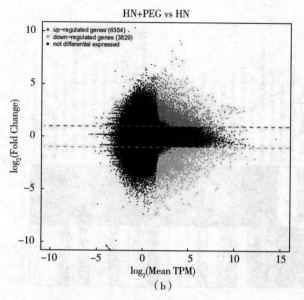

图 2 - 11　水氮处理的差异基因火山图

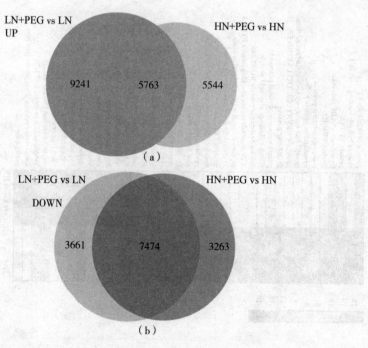

图 2 - 12　水氮处理的差异基因韦恩图

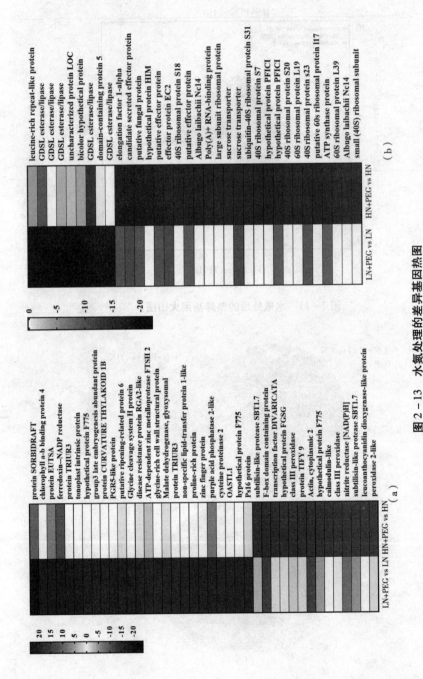

图 2 – 13　水氮处理的差异基因热图

2.9.4　水氮处理的差异表达基因 KEGG 通路和功能富集分析

2.9.4.1　氮素处理的差异表达基因 KEGG 通路分析

将 NN vs ON,LN vs ON,HN vs ON 进行 KEGG 通路分析,结果见图 2-14。NN vs ON 上调表达基因显著富集于"proteasome"(ko03050),"protein processing in endoplasmic reticulum"(ko04141)和"endocytosis"(ko04144);下调表达基因显著富集于"biosynthesis of amino acids"(ko01230),"starch and sucrose metabolism"(ko00500)和"porphyrin and chlorophyll metabolism"(ko00860)。LN vs ON 的上调表达基因显著富集于"phenylpropanoid biosynthesis"(ko00940),"amino sugar and nucleotide sugar metabolism"(ko00520)和"starch and sucrose metabolism"(ko00500);下调表达基因显著富集于"carbon fixation in photosynthetic organisms"(ko00710)和"regulation of mitophagy - yeast"(ko04139)。HN vs ON 上调表达基因显著富集于"ribosome"(ko03010),"phenylpropanoid biosynthesis"(ko00940)和"photosynthesis - antenna proteins"(ko00196);下调表达基因显著富集于"cysteine and methionine metabolism"(ko00270)。综合结果,氮素浓度显著影响"proteasome"(ko03050),"phenylpropanoid biosynthesis"(ko00940),"ribosome"(ko03010)和"carbon fixation in photosynthetic organisms"(ko00710)。

在 NN vs ON 中,"proteasome"有 16 个差异表达基因均为上调表达基因,其中 *RPN*7(26S proteasome regulatory subunit N7)和 *PSMB*1(20S proteasome subunit beta 6)最显著;LN vs ON 中有 5 个上调表达基因,2 个下调表达基因;HN vs ON 中有 2 个上调表达基因,为 *PSMA*1 和 *PSMB*1。综合结果,*PSMB*1 基因在无氮和高氮环境中均高度表达,*PSMD*11(26S proteasome regulatory subunit N6)、*PSMA*6(20S proteasome subunit alpha 1)和 *PSMA*3(20S proteasome subunit alpha 7)在无氮和低氮环境中上调表达(见附图 1)。

在 NN vs ON 中,"phenylpropanoid biosynthesis"有 8 个上调表达基因,其中 *CAD*(cinnamyl - alcohol dehydrogenase)上调表达最显著;LN vs ON 中有 27 个上调表达基因,5 个下调表达基因,其中 peroxidase 基因上调表达最显著;HN vs

ON 中有 12 个上调表达基因，2 个下调表达基因，其中 beta – glucosidase 上调表达最显著。综合结果，*PAL*(phenylalanine ammonia – lyase)、*CAD* 和 peroxidase 基因在无氮、低氮和高氮环境中均上调表达，*FSH*(ferulate – 5 – hydroxylase)在无氮和低氮环境中上调表达(见附图 2)。

在 NN vs ON 中，"ribosome"有 19 个上调表达基因，其中 *RP – S14e*(small subunit ribosomal protein S14e)上调表达最显著；有 20 个下调表达基因，其中 *RP – S20*(small subunit ribosomal protein S20)下调表达最显著；在 LN vs ON 中，有 40 个上调表达基因，28 个下调表达基因；在 HN vs ON 中，有 30 个上调表达基因，1 个下调表达基因，其中如 *RP – S21e*、*RP – L12e*、*RP – L38e* 等上调表达最显著，表达量|$\log_2$(差异倍数)|达 16.05 以上(见附图 3)。

在 NN vs ON 中，"carbon fixation in photosynthetic organisms"有 12 个上调表达基因，其中 *ppdK*(pyruvate, orthophosphate dikinase)、*RPE*(ribulose – phosphate 3 – epimerase)上调表达最显著；有 5 个下调表达基因，其中 *rbcL*(ribulose – bisphosphate carboxylase large chain)下调表达最显著。在 LN vs ON 中，有 5 个上调表达基因，其中 *MDH*(malate dehydrogenase)上调表达最显著，有 10 个下调表达基因，其中 *TPI*(triosephosphate isomeras)下调表达最显著。在 HN vs ON 中，有 5 个上调表达基因，3 个下调表达基因，其中 *GAPD*(glyceraldehyde 3 – phosphate dehydrogenase)上调表达最显著，表达量|$\log_2$(差异倍数)|高达 8.07 以上(见附图 4)。

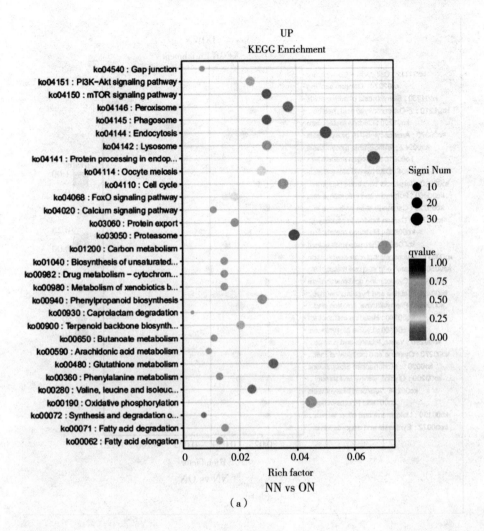

（a）

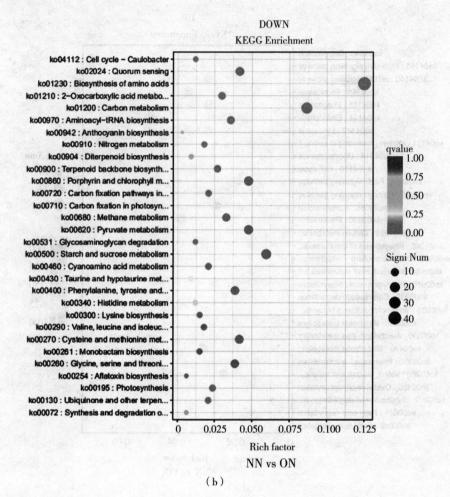

（b）

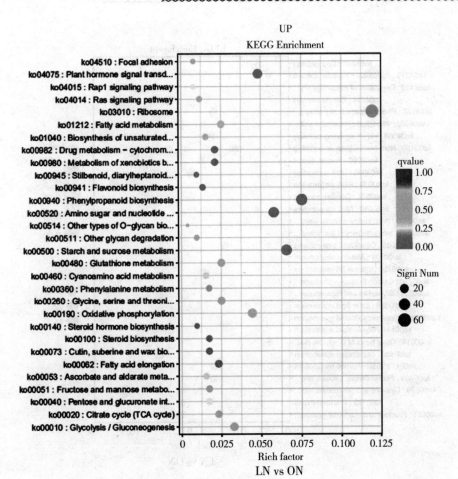

（c）

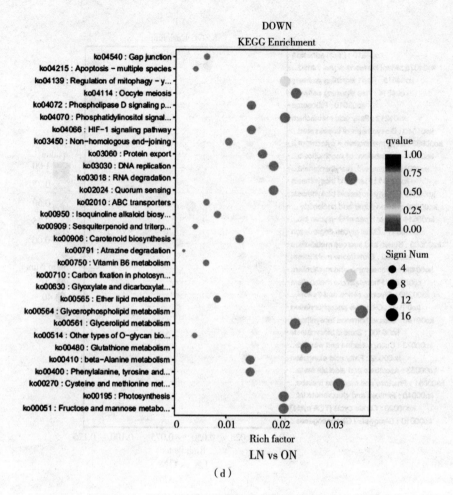

（d）

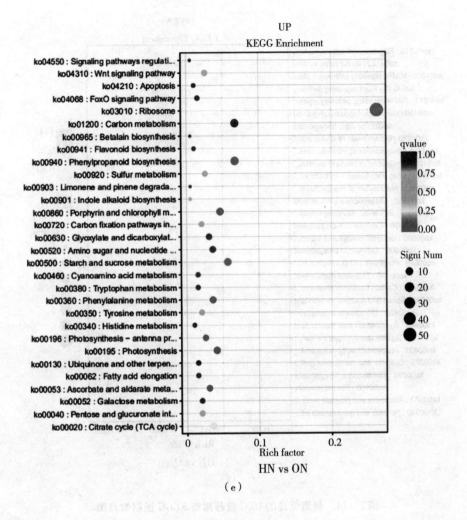

（e）

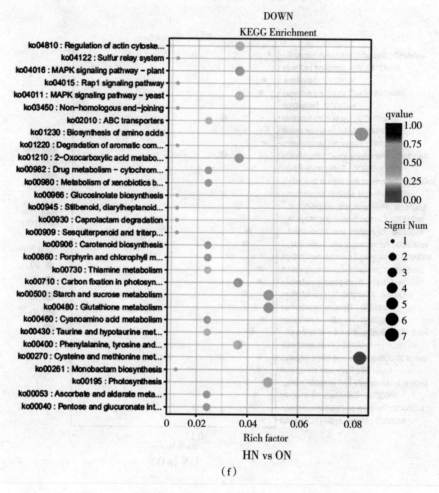

图 2 - 14　氮素处理的 DEG 显著富集 KEGG 通路散点图

2.9.4.2　氮素处理的差异表达基因功能富集分析

　　由图 2 - 15(a)可知,NN vs ON 上调表达基因的 GO 富集分析表明,这些基因主要分布于细胞组分的"organelle",生物过程中的"single - organism process"和分子功能中的"transporter activity""nucleic acid binding transcription factor activity""molecular function regulator"。NN vs ON 下调表达基因的 GO 富集分析表

明,这些基因主要分布在细胞组分的"organelle",生物过程中的"metabolic process"和分子功能中的"catalytic activity"和"transporter activity"。LN vs ON 上调表达基因的 GO 富集分析表明,这些基因主要分布在细胞组分的"extracellular region",生物过程中的"cellular component organization or biogenesis"和分子功能中的"transporter activity","structural molecule activity"和"antioxidant activity";LN vs ON 下调表达基因 GO 富集分析表明,这些基因主要分布在细胞组分的"cell",分子功能中的"catalytic activity"和"transporter activity",如图 2-15(b)所示。HN vs ON 上调表达基因的 GO 富集分析表明,这些基因主要分布在细胞组分的"extracellular region",生物过程中的"metabolic process",分子功能中的"transporter activity","structural molecule activity"和"antioxidant activity";HN vs ON 下调表达基因的 GO 富集分析表明,这些基因主要分布在分子功能中的"catalytic activity"和"transporter activity",如图 2-15(c)所示。综合不同氮素处理的差异表达基因的 GO 功能分类结果,发现差异表达基因高度富集于"transporter activity"(GO:0005215),其中大量的 *NRT* 家族基因富集于此,对富集的 *NRT* 家族基因的个数进行汇总,见表 2-3,具体 *NRT* 家族基因 ID 见附表 1。研究发现,*NRT* 家族基因富集于多个功能区域,包括"response to nitrate"(GO:0010167),"nitrate transport"(GO:0015706),"nitrate transmembrane transporter activity"(GO:0015112)和"nitrate assimilation"(GO:0042128)(表 2-3)。可见,*NRT* 家族基因在氮素处理中参与运输活动,硝酸盐响应过程,硝酸盐运输过程,硝酸盐跨膜转运体活性和硝酸盐同化过程等,其在响应氮素调控时发挥重要作用。同时,部分 *NRT* 家族基因在氮素胁迫过程中富集于"response to water deprivation"(GO:0009414),氮素胁迫可能导致植物产生缺水反应,*NRT* 家族基因参与缺水调控过程。

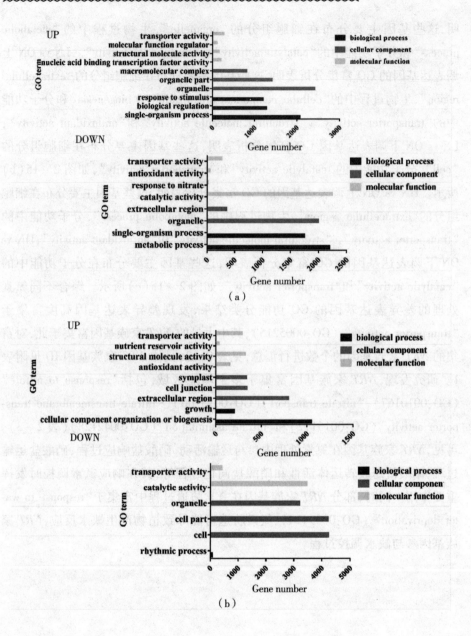

（a）

（b）

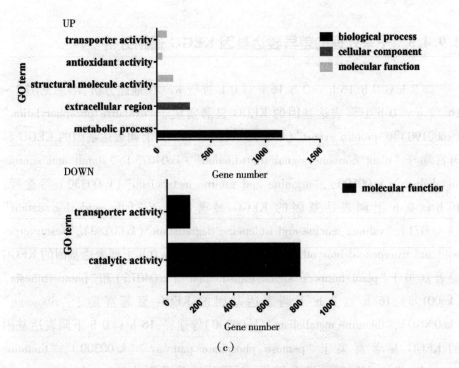

图 2 - 15 氮素处理的 DEG 的 GO 富集柱状图

注:(a)NN vs ON,(b)LN vs ON,(c)HN vs ON,q < 0.05。

表 2 - 3 氮素处理的差异基因 GO 富集分析中 *NRT* 家族基因数量

	功能	NN vs ON	LN vs ON	HN vs ON
GO:0005215	transporter activity	40 个	54 个	47 个
GO:0010167	response to nitrate	12 个	7 个	8 个
GO:0015706	nitrate transport	12 个	11 个	8 个
GO:0015112	nitrate transmembrane transporter activity	12 个	11 个	9 个
GO:0042128	nitrate assimilation	16 个	20 个	14 个
GO:0009414	response to water deprivation	10 个	5 个	7 个

2.9.4.3 干旱处理的差异表达基因 KEGG 通路分析

将 2 h vs 0 h、16 h vs 2 h、16 h vs 0 h 进行 KEGG 通路分析,结果见图 2 - 16。2 h vs 0 h 上调表达基因的 KEGG 显著富集于"oxidative phosphorylation" (ko00190)和"protein export"(ko03060);16 h vs 2 h 上调表达基因的 KEGG 显著富集于"plant hormone signal transduction"(ko04075), "starch and sucrose metabolism"(ko00500), "arginine and proline metabolism"(ko00330)等途径; 16 h vs 0 h 上调表达基因的 KEGG 显著富集于"fatty acid degradation" (ko00071), "valine, leucine and isoleucine degradation"(ko00280), "sesquiterpenoid and triterpenoid biosynthesis"(ko00909)。2 h vs 0 h 下调表达基因的 KEGG 显著富集于"plant hormone signal transduction"(ko04075)和"photosynthesis" (ko00195);16 h vs 2 h 下调表达基因的 KEGG 显著富集于"ribosome" (ko03010), "thiamine metabolism"(ko00730)等途径;16 h vs 0 h 下调表达基因的 KEGG 显著富集于"pentose phosphate pathway"(ko00300), "thiamine metabolism"(ko00730)。综合结果,干旱胁迫显著影响"plant hormone signal transduction"(ko04075)这个通路。在 2 h vs 0 h 期间,共有 74 个 DEG 参与"植物激素信号转导",16 h vs 2 h 共 79 个 DEG 参与此通路,16 h vs 0 h 共 25 个 DEG 参与此通路,干旱显著影响植物激素 ABA、JA 和 BR 信号转导。

由图 2 - 17 可知,不同干旱期间 ABA 信号转导过程差异显著,干旱初期 (2 h vs 0 h), *PYL*(ABA receptor PYR/PYL family)下调表达,16 h vs 2 h 和 16 h vs 0 h 期间 *PYL* 上调表达; *SnRK*2(serine/threonine protein kinase)仅在 16 h vs 2 h 期间上调表达;在整个干旱胁迫期间, *PP2C*(protein phosphatase 2C)和 *ABF* (ABA - responsive element binding factor)均上调表达。JA 信号转导受干旱影响显著(图 2 - 17),干旱期间 *JAR*1(jasmonic acid - amido synthetase)呈现先上调表达后下调表达的趋势,而 *COI*1(coronatine - insensitive protein 1)和 *JAZ* (jasmonate ZIM domain - containing protein)的表达趋势与 *JAR*1 相反,参与 JA 信号通路的 *MYC*2 基因在干旱期间持续下调表达。干旱期间,BR 信号转导相关基因 *BSK*、*BIN*2、*BZR* 和 *TCH*4 均显著上调表达;在 16 h vs 2 h 时, *BSK* 和 *TCH*4 基因上调表达最显著, |$\log_2$(差异倍数)|高达 17.26 和 16.72(图 2 - 17)。

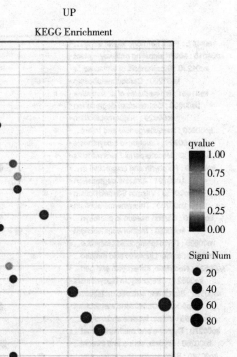

(a)

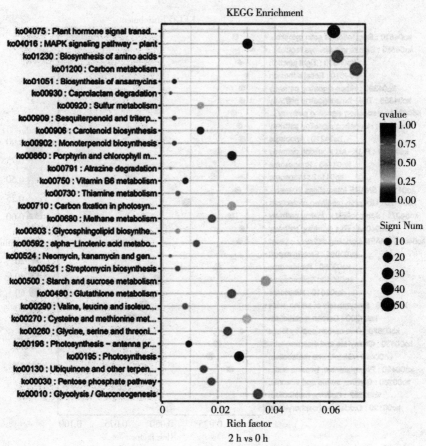

（b）

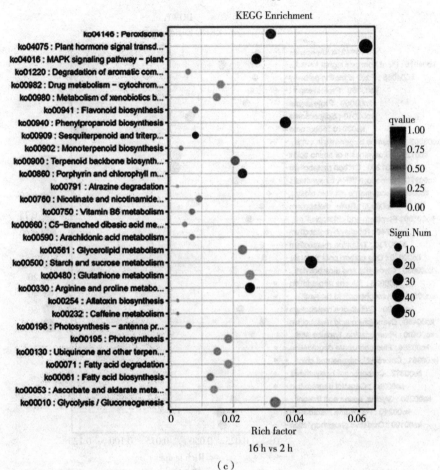

（c）

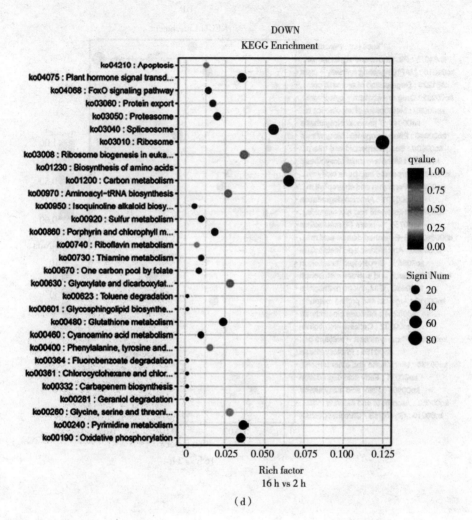

（d）

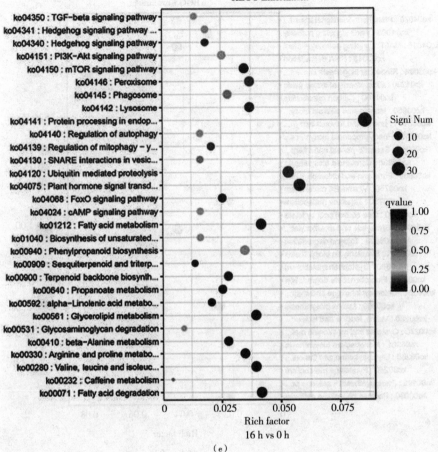

（e）

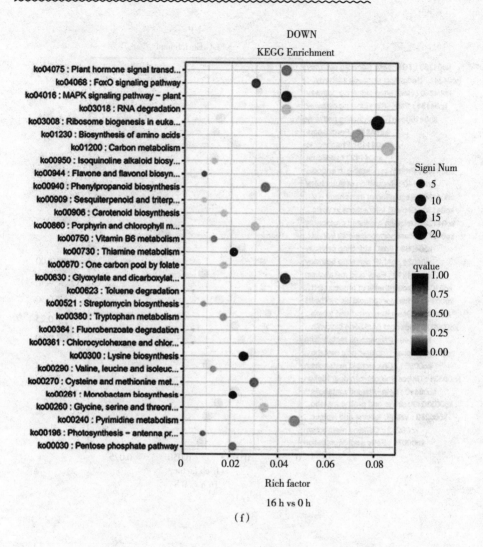

图 2 - 16　干旱期间 DEG 的显著富集 KEGG 通路散点图

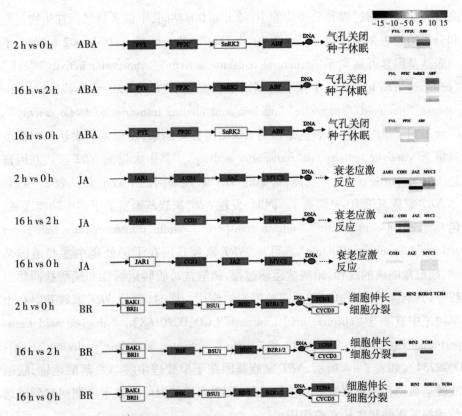

图2-17 干旱期间"植物激素信号转导途径"差异表达基因热图

注:黑色代表上调表达基因,灰色代表下调表达基因,白色代表无显著变化,

$|\log_2(差异倍数)| > 1, p < 0.05$。

2.9.4.4 干旱处理的差异表达基因功能富集分析

不同干旱时期的差异表达基因 GO 富集分析差异较大(图2-18)。2 h vs 0 h 期间,上调的差异表达基因高度富集于生物过程中的"establishment of localization"和"localization",分子功能富集于"structural molecule activity"和"transporter activity";16 h vs 2 h 期间,"metabolic process"在生物过程中富集程度最高,而"catalytic activity"在分子功能中显著富集,"extracellular region"在细胞组分中显著富集;16 h vs 0 h 期间,"single - organism process"和"catalytic activity"

高度富集于生物过程和分子功能中。2 h vs 0 h 期间,下调表达基因在生物过程和分子功能中主要富集于"metabolic process"和"organelle";16 h vs 2 h 期间,下调表达基因显著富集于"structural molecule activity""transporter activity""cell""cell part";16 h vs 0 h,下调表达基因显著富集于"rhythmic process""metabolic process""nucleoid""organelle""nucleic acid binding transcription factor activity"。综合不同干旱时期差异表达基因的 GO 功能分类结果,发现差异表达基因高度富集于"catalytic activity"和"transporter activity"。其中大量的 NRT 家族基因富集于"transporter activity"功能,富集的 NRT 家族基因的个数汇总见表 2 - 4,具体 NRT 家族基因 ID 见附表1。同时,发现 NRT 家族基因富集于多个功能区域,包括"response to nitrate""nitrate transport""nitrate transmembrane transporter activity""nitrate assimilation"。可见,NRT 家族基因在干旱处理中参与运输活动,硝酸盐响应的过程,硝酸盐运输过程,硝酸盐跨膜转运活性和硝酸盐同化过程等,其响应干旱胁迫时起到调控氮素的作用。同时,部分 NRT 家族基因在干旱胁迫中富集于"abscisic acid transport"(GO:0080168),"abscisic acid transporter activity"(GO:0090440)和"auxin - activated signaling pathway"(GO:0009734),如表 2 - 4 所示,NRT 家族基因在干旱处理中参与脱落酸运输,脱落酸转运活动和生长素激活的信号通路,NRT 家族基因可能在干旱期间起到转运与调控脱落酸和生长素的作用。

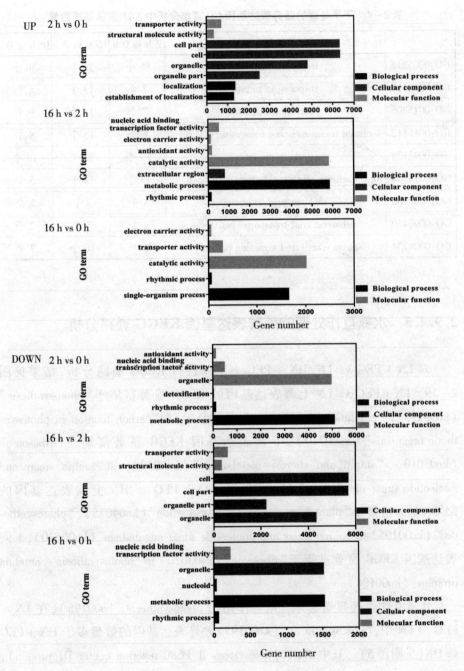

图 2 - 18　干旱处理差异表达基因的 GO 富集柱状图($q < 0.05$)

表 2-4 干旱处理的差异表达基因 GO 富集分析中 *NRT* 家族基因数量

	功能	2 h vs 0 h	16 h vs 2 h	16 h vs 0 h
GO:0005215	transporter activity	86 个	91 个	36 个
GO:0010167	response to nitrate	7 个	13 个	8 个
GO:0015706	nitrate transport	7 个	14 个	9 个
GO:0015112	nitrate transmembrane transporter activity	8 个	15 个	8 个
GO:0042128	nitrate assimilation	19 个	23 个	19 个
GO:0015334	high – affinity oligopeptide transporter activity	13 个	13 个	5 个
GO:0080168	abscisic acid transport	1 个	3 个	2 个
GO:0090440	abscisic acid transporter activity	1 个	3 个	2 个
GO:0009734	auxin – activated signaling pathway	6 个	10 个	7 个

2.9.4.5 水氮互作处理的差异表达基因 KEGG 通路分析

对 LN + PEG vs LN, HN + PEG vs HN 进行 KEGG 通路分析,结果见图 2 - 19。LN + PEG vs LN 上调表达基因的 KEGG 显著富集于 "photosynthesis" (ko00195), "regulation of autophagy"(ko04140)和 "carbon fixation in photosynthetic organisms"(ko00710);下调表达基因 KEGG 显著富集于 "ribosome" (ko03010), "starch and sucrose metabolism"(ko00500)和 "amino sugar and nucleotide sugar metabolism"(ko00520)。HN + PEG vs HN 上调表达基因的 KEGG 显著富集于 "plant hormone signal transduction"(ko04075), "photosynthesis"(ko00195)和 "amino sugar and nucleotide sugar metabolism"(ko00520),下调表达基因 KEGG 显著富集于 "ribosome"(ko03010)和 "photosynthesis – antenna proteins"(ko00196)。

水氮互作处理显著影响 "光合作用"(photosynthesis, ko00195),在 LN + PEG vs LN 中, "photosynthesis"(ko00195)差异表达基因的数量多于 HN + PEG vs HN(见附图5)。其中 *PsbA*(photosystem Ⅱ P680 reaction center D1 protein), *PsbB*(photosystem Ⅱ CP47 chlorophyll apoprotein), *PsbO*(photosystem Ⅱ oxygen – evolving enhancer protein 1), *PsaB*(photosystem Ⅰ P700 chlorophyll a apoprotein

A2），*PetD*（cytochrome b6 – f complex subunit 4），*ATPF1E*（F – type H$^+$ – transporting ATPase subunit epsilon），*ATPF0A*（F – type H$^+$ – transporting ATPase subunit a）和 *ATPF0B*（F – type H$^+$ – transporting ATPase subunit b）在 LN + PEG vs LN 和 HN + PEG vs HN 均上调表达。光合电子传递（photosynthetic electron transport）相关差异表达基因铁氧化还原蛋白（ferredoxin）基因和 *petH*（ferredoxin – NADP$^+$ reductase）受低氮干旱处理影响显著，而在 HN + PEG vs HN 中无显著变化。

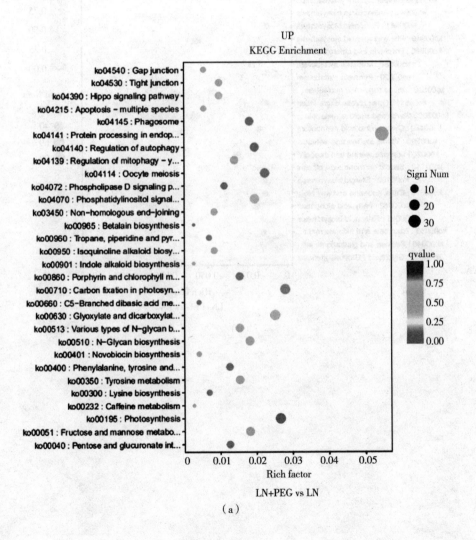

（a）

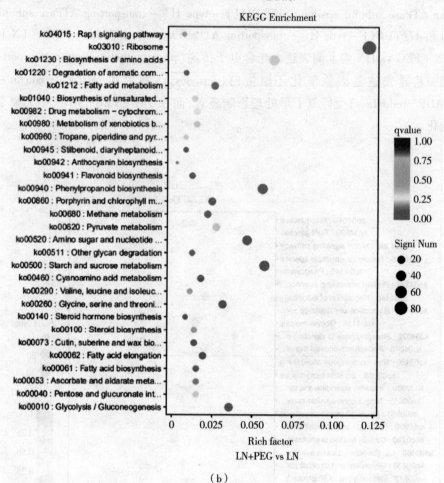

(b)

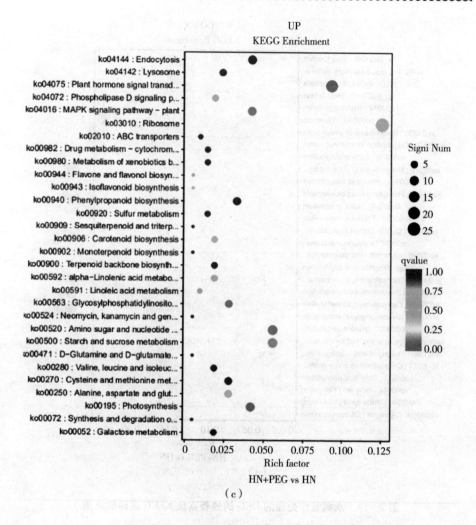

（c）

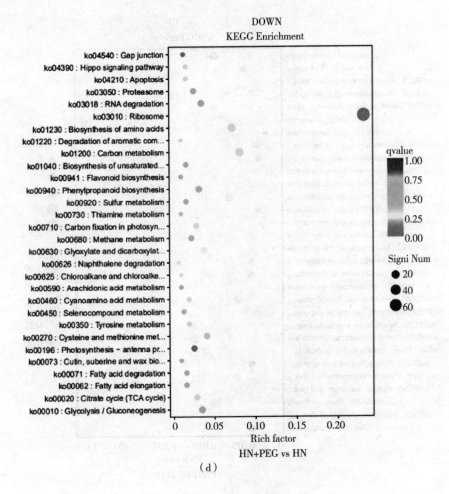

图 2 - 19　水氮互作处理的 DEG 的显著富集 KEGG 通路散点图

2.9.4.6　水氮互作处理的差异表达基因功能富集分析

由图 2 - 20(a)可见,LN + PEG vs LN 上调表达基因的 GO 富集分析表明,这些基因主要分布在细胞组分的"cell junction",生物过程中的"single - organism process"和"biological regulation",分子功能中的"catalytic activity"。LN + PEG vs LN 下调表达基因 GO 富集分析表明,这些基因主要分布在细胞组分的"extracellular region",生物过程中的"cellular component organization or biogenesis"和分子功能中的"catalytic activity"。HN + PEG vs HN 上调表达基因的 GO 富集分析表明,这些基因主要分布在细胞组分的"membrane",生物过程中的"response to stimulus",分子功能中的"nucleic acid binding transcription factor activity";HN + PEG vs HN 下调表达基因 GO 富集分析表明,这些基因主要分布在细胞组分的"organelle",生物过程中的"metabolic process"和分子功能中的"structural molecule activity"。综合结果表明:不同的水氮互作处理,差异表达基因的 GO 富集差别较大,但是"catalytic activity"和"cellular component organization or biogenesis"在低氮干旱与高氮干旱中均显著富集,即具有分子功能的"催化活性"和"细胞成分组织或生物发生"的差异表达基因在水氮互作处理期间作用显著。其中大量的 NRT 家族基因富集于"transporter activity"功能,对富集的 NRT 家族基因的个数进行汇总,见表 2 - 5,具体 NRT 家族基因 ID 见附表 1。同时,发现 NRT 家族基因富集于多个功能,包括"response to nitrate""nitrate transport""nitrate transmembrane transporter activity""nitrate assimilation"(表 2 - 5)。可见,NRT 家族基因在水氮互作处理中参与运输活动,硝酸盐响应过程,硝酸盐运输过程,硝酸盐跨膜转运活性和硝酸盐同化过程等,其响应水氮胁迫时主要起到调控硝酸盐的作用。同时,部分 NRT 家族基因在水氮互作胁迫中富集于"auxin - activated signaling pathway"(GO:0009734)和"response to water deprivation"(GO: 0009414),如表 2 - 5 所示,NRT 家族基因在干旱处理中参与生长素激活的信号通路和响应缺水反应,NRT 家族基因可能在水氮互作处理期间起到传导生长素的作用和响应缺水的调控过程。

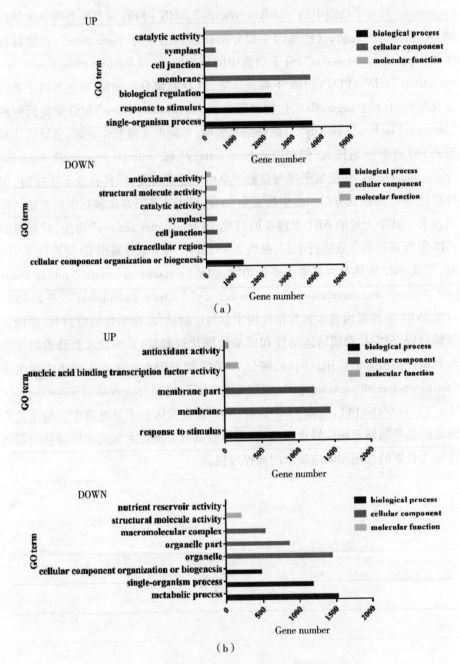

图 2-20　水氮互作处理的 DEG 的 GO 富集柱状图

注:(a) LN + PEG vs LN;(b) HN + PEG vs HN;*q* < 0.05。

表 2 − 5 水氮互作处理的差异表达基因 GO 富集分析中 *NRT* 家族基因数量

	功能	LN + PEG vs LN	HN + PEG vs HN
GO:0005215	transporter activity	66 个	38 个
GO:0010167	response to nitrate	6 个	4 个
GO:0015706	nitrate transport	11 个	4 个
GO:0015112	nitrate transmembrane transporter activity	8 个	6 个
GO:0042128	nitrate assimilation	23 个	11 个
GO:0009734	auxin − activated signaling pathway	4 个	3 个
GO:0009414	response to water deprivation	4 个	3 个

2.10 RNA − seq 数据验证

为了验证 RNA − seq 的结果,选择 20 个 DEG 进行 qRT − PCR,引物见表 2 − 6。如图 2 − 21 所示,qRT − PCR 结果与 RNA − seq 结果高度相关 ($y = 1.003x - 0.7249; R^2 = 0.8017; P < 0.0001$),说明这些基因在 RNA − seq 和 qRT − PCR 中的表达模式相似,结果有助于 RNA − seq 数据分析的准确性和有效性。

表 2 − 6 qRT − PCR 验证所需的引物

基因 ID	正向引物 (5′—3′)	反向引物 (5′—3′)
TRINITY_DN59234_c0_g1	CTATCACACATGCCCGGTTG	ACAATTCGTGTCTCCTGCCT
TRINITY_DN68732_c1_g2	GTCTCGTTGTTGACCACGTC	GACGGATACCTCAAGCCGTA
TRINITY_DN76901_c0_g1	AGCTTCATCCTGCAAGTCCT	TGCCACTTATCACTCGTCCA
TRINITY_DN83801_c0_g2	TGACTGAAGGGAGCAACCAT	CCACGTACGAGGACAAGGAT
TRINITY_DN93026_c3_g1	ATCGGAGTGGGCTCTAAACC	TCTGCAAAGTAGACCAGCCA
TRINITY_DN59578_c0_g2	GAATGGAGCGTGTCCTTGTC	GCCCAACGTATCCAAGATGG
TRINITY_DN85457_c1_g5	AGCTACAGCCATCAATCCCA	GCGCTGTCCAAACCTAGAAG
TRINITY_DN87540_c3_g2	TTGACATCCCTGTGGCAAAC	ATGGAGTTCGTACCCGAGTC
TRINITY_DN88102_c0_g1	TGGAGTCAGCTACTGCCATT	CAACAGAACTTCGGGTGCAA

续表

基因 ID	正向引物（5'—3'）	反向引物（5'—3'）
TRINITY_DN83317_c0_g3	TAGGAGTCGGAGGAGGAGTG	ATCAAACCGCCTAACGAGAG
TRINITY_DN89856_c2_g2	TACTACAAGGGCTGCGATGA	CGTCATGGAGACGAGGAAGA
TRINITY_DN69254_c0_g1	TCACCAAAGAGAGAGCCCTG	AATCAGCGAAGGCGTTGGAG
TRINITY_DN73782_c0_g1	ATCGTCTGCAGCTACAACCC	CGGCCGACATGTATGCTTAG
TRINITY_DN75345_c2_g2	GCGCTCTGGATGTTGTTGAT	AGACCTGGAGGTTGTGAAGG
TRINITY_DN90986_c1_g2	GCCTGAGTCGTGGTTATTTG	GGAACCCGCTAAAAGGAGTC
TRINITY_DN68335_c2_g1	CCATGCTCACCTTCACGAAC	TTCCGGAGAAGAAGCAGGAG
TRINITY_DN79778_c0_g1	AGTGGAACGGCTATCGAGTT	TGGCAAGGATAAGGCACTCA
TRINITY_DN72637_c0_g2	CGATGGTCTGGTCCTCGAT	GCAGAGTCCTACTGGACAGG
TRINITY_DN79860_c3_g1	CGTCCTGCCTCTTAGCATCT	GACGCAGGTCAGAAAGCAAT
TRINITY_DN74404_c2_g2	TTTGCCACCTCAGTCTCCAA	GAGAAGGTGGTCGAGAGGAG

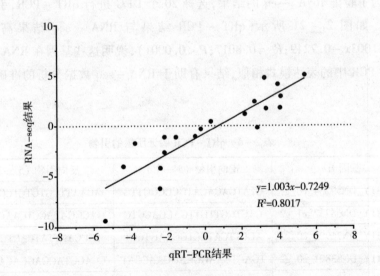

图 2 - 21   差异表达基因的 qRT - PCR 验证

2.11　基于转录组分析水氮胁迫 *NRT* 家族基因表达水平的影响

2.11.1　氮素调控对 *NRT* 家族基因表达水平的影响

由图 2-22 可知,氮素浓度显著影响 *NRT* 家族基因的表达水平。在 NN vs ON 中,*NPF*6.4、*NPF*8.3、*NPF*8.4、*NPF*8.5 上调表达显著,*NRT*2.1、*NRT*2.2 和 *NRT*2.4 上调表达最显著,表达量 $|\log_2(差异倍数)|$ 大于 6,*NPF*5.10、*NPF*3.1 和 *NPF*6.1 下调表达显著。在 LN vs ON 中,*NPF*6.4、*NPF*6.3、*NPF*8.2、*NRT*2.1、*NRT*2.2 和 *NRT*2.4 上调表达显著,*NPF*3.1、*NPF*5.10 下调表达显著。在 HN vs ON 中,*NPF*6.4、*NPF*2.9、*NPF*8.4 上调表达显著,*NRT*2.1、*NRT*2.2、*NRT*2.4、*NPF*5.10、*NPF*3.1 和 *NPF*6.1 下调表达显著。值得关注的是,草地早熟禾 *NPF*6.4 基因在无氮、低氮和高氮环境中均高度表达,*NPF*6.4 积极响应氮素调控,具有较强的耐氮性。

综合结果,*NRT*2.1、*NRT*2.2 和 *NRT*2.4 为高亲和转运蛋白,*NPF*5.8、*NPF*2.9 为低亲和转运蛋白,*NPF*6.4、*NPF*8.4、*NPF*8.3、*NPF*6.3、*NPF*2.10、*NPF*2.3 和 *NPF*2.1 在低浓度和高浓度硝酸盐中均积极起到硝酸盐转运的作用,这些基因可能为双亲和转运蛋白。

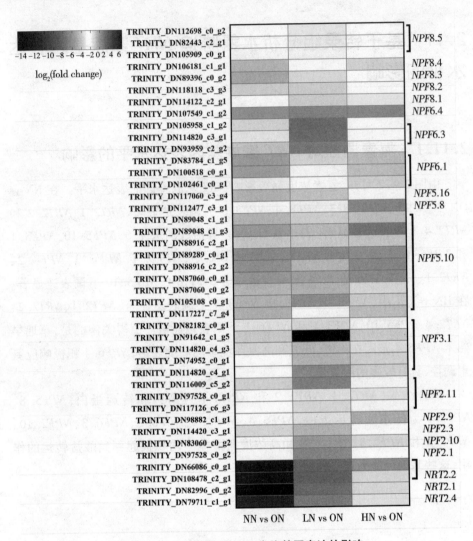

图 2 – 22　氮素浓度对 *NRT* 家族基因表达的影响

2.11.2　干旱胁迫对 *NRT* 家族基因表达水平的影响

由图 2 – 23 可知,干旱胁迫显著影响 *NRT* 家族基因的表达水平。在 2 h vs 0 h 中,*NPF*5. 2、*NPF*5. 10 和 *NPF*2. 10 上调表达最显著,其表达量 |log$_2$(差异倍数)|均大于 16,*NPF*8. 5、*NPF*2. 7 下调表达最显著,其表达量

|$\log_2$(差异倍数)|均大于17。在16 h vs 2 h期间,*NPF*8.5、*NPF*6.4、*NPF*6.3、*NPF*8.3、*NPF*2.7、*NPF*5.14和*NPF*2.11上调表达较显著,*NPF*5.2、*NPF*5.10、*NPF*2.10和*NPF*8.4下调表达较显著。16 h vs 0 h期间,*NPF*8.5、*NPF*2.10、*NPF*6.3和*NPF*8.3上调表达较显著,*NPF*5.16和*NPF*5.10下调表达较显著。综合结果表明:不同的*NPF*家族基因在干旱期间表达差异较大,16 h vs 0 h期间上调的差异表达基因数量多于下调的差异表达基因数量。

　　*NPF*2.10在干旱初期其表达量增加十分显著,2 h vs 0 h的*NPF*2.10表达量|$\log_2$(差异倍数)|为17.65,在2 h~16 h期间,该基因下调表达,|$\log_2$(差异倍数)|为7.22,16 h vs 0 h表达量的|$\log_2$(差异倍数)|高达10.43,该基因在干旱胁迫中的调控作用十分显著。*NPF*5.2和*NPF*5.10在干旱初期上调表达显著,持续的干旱抑制其表达调控,16 h vs 0 h的|$\log_2$(差异倍数)|均为0,无显著表达差异。在干旱0 h~16 h期间,*NPF*6.4和*NPF*6.3在干旱初期表达量降低显著,但随着干旱时间的增加,其表达量有显著升高的趋势,*NPF*6.4和*NPF*6.3基因在干旱后期调控作用显著。

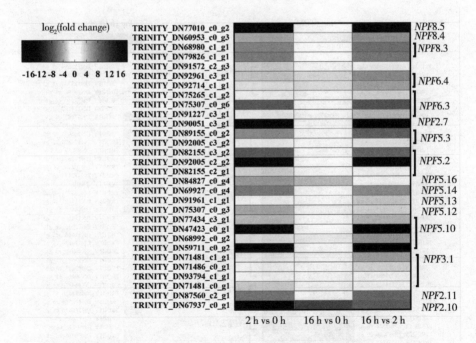

图2-23　干旱胁迫下*NRT*家族基因表达的调控过程

2.11.3 水氮互作对 *NRT* 家族差异表达基因表达水平的影响

在 LN + PEG vs LN 中，*NPF*8.3、*NPF*5.2、*NPF*5.3、*NPF*5.8、*NPF*4.6、*NPF*3.1 和 *NRT*2.1 上调表达显著，*NPF*2.11、*NPF*6.3 和 *NPF*6.1 下调表达最显著，如图 2 – 24（a）所示。由图 2 – 24（b）可知，在 HN + PEG vs HN 中，*NPF*8.5、*NPF*7.3、*NPF*5.8 和 *NPF*3.1 上调表达显著，*NPF*8.2、*NPF*5.7 和 *NPF*5.6 下调表达最显著。

综合可知，如图 2 – 24 所示，*NPF*3.1 在 LN + PEG vs LN 和 HN + PEG vs HN 中均上调表达，在低浓度 NO_3^- 或高浓度 NO_3^- 且干旱的环境中均积极起到硝酸盐转运的作用。而 *NPF*6.3、*NPF*2.11 和 *NPF*2.10 调控过程正相反，在 LN + PEG vs LN 和 HN + PEG vs HN 中均下调表达，低浓度 NO_3^- 或高浓度 NO_3^- 且干旱的环境均抑制其表达。

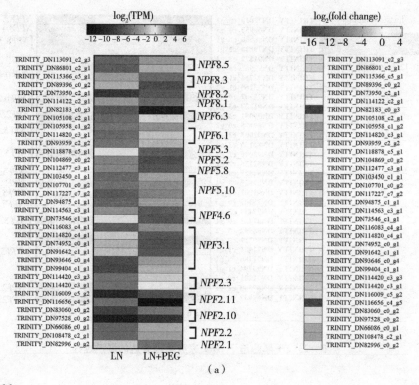

（a）

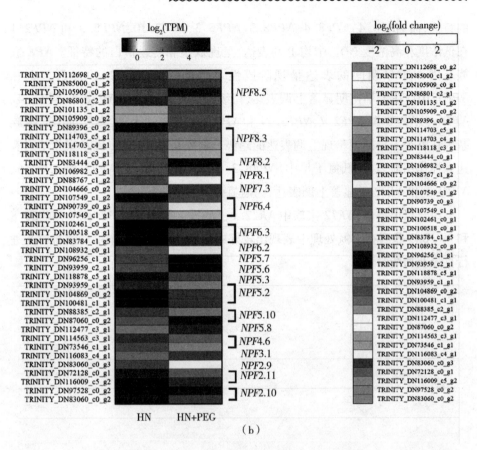

图 2 - 24　水氮互作下 *NRT* 家族基因表达调控过程

注:(a) LN + PEG vs LN;(b) HN + PEG vs HN;$q < 0.05$。

综合 *NRT* 家族基因在氮素、干旱和水氮互作中的表达水平,研究发现,*NRT2* 家族基因和 *NPF* 家族基因对氮胁迫、干旱胁迫和水氮互作响应差异显著。草地早熟禾 *NRT2.1*、*NRT2.4*、*NRT2.2* 基因在不同氮素浓度和水氮互作的调控中差异表达显著,在无氮、低氮和低氮干旱环境中均起到硝酸盐转运的作用。但是当胁迫仅为干旱处理,氮素浓度适宜时,*NRT2* 家族基因表达调控不显著,可能氮素是影响 *NRT2* 家族基因表达的主要因素。*NPF* 与 *NRT2* 家族基因表达调控过程不同,通过转录组测序发现,大量的草地早熟禾 *NPF* 家族基因积极参与氮素浓度、干旱胁迫及水氮互作中的表达调控。

不同氮素浓度处理后,草地早熟禾 *NPF5.8*、*NPF2.9* 呈现低亲和转运蛋白的特征,而 *NPF*6. 4、*NPF*8. 4、*NPF*8. 3、*NPF*6. 3、*NPF*2. 10、*NPF*2. 3 和 *NPF*2. 1 在低浓度和高浓度 NO_3^- 中均上调表达,呈现双亲和转运蛋白的特征。*NPF* 家族基因在干旱期间的表达呈现阶段性表达的趋势,*NPF*2. 10、*NPF*5. 2 和 *NPF*5. 10均在干旱初期显著上调表达,持续干旱则可以提升 *NPF*8. 5、*NPF*6. 4、*NPF*6. 3、*NPF*8. 3、*NPF*2. 7、*NPF*5. 14 和 *NPF*2. 11 的表达水平,多数的 *NPF* 家族基因在整个干旱期间呈现上调表达的趋势。水氮互作处理中,*NPF* 家族基因表达调控作用显著,在低氮干旱中,*NPF*8. 3、*NPF*5. 2、*NPF*5. 3、*NPF*5. 8、*NPF*4. 6、*NPF*3. 1 和 *NRT*2. 1 显著上调表达,为耐氮耐旱的候选基因。

综合以上结果,*NRT*2 家族中 *NRT*2. 1、*NRT*2. 4 基因,及 *NPF* 家族中*NPF*5. 8 和 *NPF*8. 3 基因在水氮处理中表现出较好的耐氮、耐旱特征,本书后续将对其进行克隆及功能验证。

第3章 草地早熟禾 *NRT2.1* 和 *NRT2.4* 基因的克隆与表达分析

3.1 供试材料的培养与胁迫处理

选取未做任何处理的草地早熟禾新鲜植株,用于草地早熟禾 *NRT* 家族基因的克隆试验及不同组织部位中 *NRT* 家族基因的 qRT - PCR 表达分析。

本书研究中通过 qRT - PCR 分析 *NRT* 家族基因水氮处理的表达水平,所需的试验材料进行 4 个处理,分别为(1)不同氮素浓度处理;(2)不同氮源处理;(3)干旱胁迫;(4)水氮处理。其中(1)氮素浓度,(4)水氮处理,这两部分的材料处理方法见 2.1。

不同氮源的处理方法:配制 3 种相同氮素浓度(浓度为 1.5 mmol·L^{-1}),氮源不同的溶液:(1)单一硝态氮采用 $NaNO_3$;(b)单一铵态氮采用 $(NH_4)_2SO_4$;(c)双氮源处理采用 NH_4NO_3。处理时间为 2 周,取样方式同 2.1。

干旱胁迫处理方法:向 1/2 霍格兰溶液中加入不同浓度(5%、10%、15%、20%)的 PEG 6000,将植株的根部放入水培液中,处理 0 h、2 h、16 h 后取样。

3.2 试验方法

3.2.1 草地早熟禾 RNA 的提取与检测

选取健康的草地早熟禾为供试材料,利用植物总 RNA 的提取试剂盒进行总 RNA 的提取,利用 NanoDrop 2000 测定 RNA 的浓度与纯度,通过 2% 琼脂糖凝胶电泳检测 RNA 的完整性。

3.2.2 cDNA 的合成

以草地早熟禾总 RNA 为模板,利用 PrimeScript Ⅱ 1st Strand cDNA Synthesis Kit 进行 cDNA 第一条链的合成。首先向 EP 管中依次加入 1 μL Oligo(dT) Primer(50 μmol · L^{-1}),1 μL dNTP Mixture(10 mmol · L^{-1}),4 μL RNA,4μL RNase Free ddH$_2$O,65 ℃ 5 min 后,置于冰上冷却,再向管中依次添加 4 μL 5 × PrimeScript Ⅱ Buffer,0.5 μL RNase Inhibitor(40 U/μL),1 μL PrimeScript Ⅱ RTase(200 U/μL),4.5 μL RNase Free ddH$_2$O,混合均匀后,放置于 PCR 仪中,反应程序:42 ℃ 50 min,95 ℃ 5 min,立即置于冰上冷却,完成后将其放于 −80 ℃ 冰箱中长期保存,备用。

3.2.3 草地早熟禾 *NRT2.1* 和 *NRT2.4* 基因编码区的引物设计

以 GeneBank 已公布的小麦(*Triticum aestivum*)高亲和转运蛋白基因 *NRT2.1*(EMS46094.1),二穗短柄草(*Brachypodium distachyon*)高亲和转运蛋白基因 *NRT2.4*(XM_003566718.4)及二代转录组序列得到的草地早熟禾相关序列为基础,根据相关核苷酸序列设计特异性引物,见表 3−1。

表 3−1 草地早熟禾 *NRT2.1* 和 *NRT2.4* 基因的引物序列

引物名称	引物序列
NRT2.1 − F	GGTGCAAAGGAGCAGCTCCTGCG
NRT2.1 − R	CGCTCCCCTGGGAATGTACAC
Q − NRT2.1 − F	ATGGAAACAGAGGTCGGTGCGG
Q − NRT2.1 − R	GGCGCGCATGTGAGGGTTGC
NRT2.4 − F	TTGGCTAGCTACTACCAGCCTAG
NRT2.4 − R	CCAACACACTTCCATATGTAGGAAGT
Q − NRT2.4 − F	ATGGGCCCCGTTTGCGACC
Q − NRT2.4 − R	CGGGACATCCAGTGCTGGTT

3.2.4　草地早熟禾 *NRT2.1* 和 *NRT2.4* 基因编码区的 PCR 扩增

以 cDNA 为模板,NRT2.1 - F 和 NRT2.1 - R 为引物,PCR 反应总体系为 50 μL,按表 3 - 2 依次加入相关溶液,反应程序为:94 ℃ 4 min,94 ℃ 30 s、56 ℃ 30 s、72 ℃ 3 min,共 35 个循环,最后 72 ℃ 10 min。以 cDNA 为模板,NRT2.4 - F 和 NRT2.4 - R 为引物,PCR 反应总体系为 50 μL,参照表 3 - 2 进行相关试剂的添加,反应程序为:94 ℃ 5 min,94 ℃ 30 s、58 ℃ 30 s、72 ℃ 3 min,共 32 个循环,最后 72 ℃ 10 min。

表 3 - 2 PCR 扩增的反应体系

成分	体积
cDNA	4 μL
2 × EasyPfu PCR SuperMix	25 μL
NRT2.1 - F/NRT2.4 - F	4 μL
NRT2.1 - R/NRT2.4 - R	4 μL
ddH$_2$O	13 μL

3.2.5　PCR 产物回收、载体连接与转化、质粒提取

将扩增得到的 200 μL 含有目的基因的 PCR 产物,按照 EasyPure Quick Gel Extraction Kit 的说明书进行凝胶产物的回收。将纯化后的 PCR 产物与 pEASY - T5 Zero Cloning Vector 混合,按照 pEASY - T5 Zero Cloning Kit 说明书的实际操作进行转化。将菌液按照 EasyPure Plasmid MiniPrep Kit 说明书提取 *NRT2.1* 及 *NRT2.4* 质粒。

3.2.6　草地早熟禾 *NRT2.1* 和 *NRT2.4* 基因的生物信息学分析

利用 ProtParam 分析 NRT2.1 和 NRT2.4 蛋白的理化性质;利用 TMHMM Server v.2.0 分析编码蛋白的跨膜区;利用 SignalP 4.1 Server 分析目的基因信

号肽情况;利用 NetNGlyc 1.0 Server 分析目的基因的糖基化位点;利用 NetPhos 3.1 Server 分析磷酸化位点;利用 SOPMA 分析草地早熟禾 NRT2.1 和 NRT2.4 蛋白的二级结构;利用 SWISS - MODEL 分析蛋白质的三级结构;利用 CDD 预测草地早熟禾 *NRT*2.1 和 *NRT*2.4 编码氨基酸的典型结构域。

3.2.7 草地早熟禾 *NRT*2 家族基因的序列分析及进化树构建

通过 GeneBank 查找已经公布的不同物种 *NRT*2 家族基因,将查找结果汇总。将不同物种的 *NRT*2 家族基因及本书研究克隆得到的草地早熟禾 *NRT*2.1 和 *NRT*2.4 基因的氨基酸序列,利用 MEGA 7.0 进行氨基酸序列比对,进一步明确草地早熟禾 *NRT*2 家族基因与不同物种中 *NRT*2 家族基因的同源进化关系。蛋白质的保守基序分析使用 MEME 进行,相关设置为:任何单个图案的重复次数,最小值六个氨基酸基序的宽度,最大值含有 80 个氨基酸的基序的宽度,查找 15 个保守结构域(motif)。

3.2.8 草地早熟禾内参基因的筛选

采用实时荧光定量 PCR(quantitative real - time PCR,qRT - PCR)进行草地早熟禾组织部位及逆境胁迫下适宜的内参基因筛选。qRT - PCR 得到草地早熟禾 8 个候选内参基因:18*S*,*UBQ*,*GADPH*,*Actin*,*EF* - 1*a*,*CYP*,*TuB*,*TuA*。通过已经得到基因序列进行 qRT - PCR 引物设计,引物序列如表 3 - 3 所示。通过 GeNorm、BestKeeper、NormFinder 三个软件分析 8 个内参基因在草地早熟禾不同组织部位、不同水氮处理下的表达水平,筛选内参基因用于草地早熟禾目的基因的表达调控研究。

表 3 - 3   qRT - PCR 分析候选内参基因的引物序列

基因	基因全称	引物序列(5'—3')(正向/反向)	长度/bp
EF - 1*a*	elongation factor - 1a	AAGATTGGTGGCATTGGAACTG/ CTTGGCTGGGTCATCCTTGG	243
Actin	Actin	ACGGAGCGTGGTTACTCATTC / CAGTCTCCATTTCCTGGTCATAGT	109

续表

基因	基因全称	引物序列(5′—3′)（正向/反向）	长度/bp
UBQ	ubiquitin extension	AGAAGAAGA CCTACACCAAG/ GGTTGTAA GGCGTAGG TGAG	217
18*S*	18S ribosomal RNA	GTGAGT GAAGA AGG GCAATG/ GAGAGCATTCCGCCACTTTT	212
GADPH	glyceraldehyde – 3 – phosphate dehydrogenase	AAGACGCCCCTATGTTTGTT/ CATCAGACCCTCAACAATAC	149
CYP	cyclophilin	GAGAAGGGCGTGGGCAAGAT/ TCCTGAAGTTCTCGTCGGCG	163
TuB	beta – tubulin	GTCTACTACAAACGAGGCC / GCCGAAGACGAAGTTGTC	136
TuA	alpha – tubulin	CCTTGGTTCTCTTCTCCTTG/ GAGAAGAACAGCCACATCAG	169

3.2.9　草地早熟禾 *NRT*2.1 及 *NRT*2.4 基因的表达分析

提取草地早熟禾不同组织部位（根部、茎部、叶部）的 RNA。提取不同氮素浓度（NN:0 mmol·L^{-1} NaNO$_3$,LN:1.5 mmol·L^{-1} NaNO$_3$,ON:7.5 mmol·L^{-1} NaNO$_3$,HN:15 mmol·L^{-1} NaNO$_3$）处理的草地早熟禾 RNA。提取相同氮素浓度不同氮源溶液[a: NaNO$_3$,b:（NH$_4$）$_2$SO$_4$,c: NH$_4$NO$_3$]的草地早熟禾 RNA。提取水氮处理的草地早熟禾总 RNA。

以 RNA 为模板,进行 cDNA 第一条链的合成,具体步骤见 2.2。采用 qRT-PCR 的相对定量方法,参照 TB Green Premix Ex Taq Ⅱ进行试验。qRT-PCR 反应体系为 50 μL,包含:4 μL cDNA,Q – NRT2.1 – F/R(Q – NRT 2.4 – F/R)各 2 μL ,17 μL ddH$_2$O,25 μL TB Green Premix Ex Taq Ⅱ。PCR 条件为:95 ℃预变性 30 s,95 ℃ 5 s、60 ℃ 30 s,共 45 个循环。该试验设生物学重复 3 次,试验重复 3 次,利用 2$^{-\Delta\Delta Ct}$处理数据。

3.3 草地早熟禾 *NRT*2.1 和 *NRT*2.4 基因的生物 信息学分析

3.3.1 草地早熟禾 *NRT*2.1 基因的克隆

由图 3 − 1 可见,草地早熟禾总 RNA 中 28S 和 18S 条带清晰可见,利用 NanoDrop 2000 测定的 A_{260}/A_{280} 比值在 1.8 ~ 2.0 之间,说明草地早熟禾 RNA 基本无酶或蛋白质的污染,纯度与浓度较好,可用于后续相关试验。

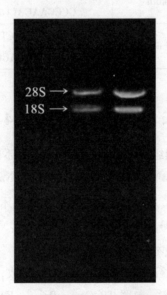

28S →
18S →

图 3 − 1 草地早熟禾 RNA 质量检测

本书研究以反转录获得的 cDNA 为模板,利用特异性引物(NRT2.1 − F/ NRT2.1 − R)进行 PCR 扩增,得到该目的基因条带,见图 3 − 2。经序列分析,草地早熟禾 *NRT*2.1 基因全长为 1842 bp,包括 1527 bp 开放阅读框(ORF),编码了 508 个氨基酸(图 3 − 3)。

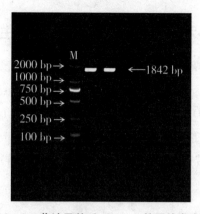

图 3 – 2　草地早熟禾 *NRT2.1* 基因的电泳图

```
  1 GGTGCAAAGGAGCAGCTCGTGCGTCCTATAATACAGCCCTTGTTGCATGTTCCTCGAGCA  60
 61 CAAACCCAACCATTGGGACCTCAAAACTTTTAGTCTTAGCTCCTCTTTGCTTCTTAGTCC  120
121 GCAGTGTGTAGCTCT GAGAGCTCCAAGGAGAAACCCAGCGAGGAAGAAGAAGCTTTCTTT180
181 CATCCTCGAGAGAAGAGGATCGTTATGGAAACAGAGGTCGGTGCGGCGAGCGTGACGGCG 240
                                 M  E  T  E  V  G  A  A  S  V  T  A
241 GCACCGGTCGAGTTCTCCCTGCCGGTGGATTCTGAGCACAAGGCCAAATCCATCAGGATC 300
     A  P  V  E  F  S  L  P  V  D  S  E  H  K  A  K  S  I  R  I   30
301 TTCTCCTTCGGCAACCCTCACATGCGCGCATTCCACCTGGGTTGGATGTCCTTCTTCACC 360
     F  S  F  G  N  P  H  M  R  A  F  H  L  G  W  M  S  F  F  T
361 TGCGTCGTCTCCACGTTCGCCGCCGCGCCGCTCATCCCCATCATCAGGGACAATCTCAAC 420
     C  V  V  S  T  F  A  A  A  P  L  I  P  I  I  R  D  N  L  N
421 CTCACCAAGGCCGACATCGGCAACGTGGGTGCCTCCGTCTCCGGCGCCATCTTCTCC 480
     L  T  K  A  D  I  G  N  A  G  V  A  S  V  S  G  A  I  F  S
481 AGGCTGGCCATGGGTGCCATCTGCGACCTCCTTGGCCCTCGCTATGGTTGTGCCTTCCTC 540
     R  L  A  M  G  A  I  C  D  L  L  G  P  R  Y  G  C  A  F  L
541 GTCATGCTCTCCGCGCCTGCAGTGTTTTGCATGTCCGTCATTGACGGCCCTGCAGGATAC 600
     V  M  L  S  A  P  A  V  F  C  M  S  V  I  D  G  P  A  G  Y
601 ATCACTATCCGCTTCCTGATTGGTGTCTCCGCTTGCCACCTTCGTGTCGTGCAATACTGG 660
     I  T  I  R  F  L  I  G  V  S  L  A  T  F  V  S  C  Q  Y  W
661 GTGAGCACCATGTTCAATAGCAAAATCATCGGCACAGTCGGTGGCCTAACGGCAGGGTGG 720
     V  S  T  M  F  N  S  K  I  I  G  T  V  G  G  L  T  A  G  W
721 GGTGATATGGGTGGGGCCACGCAGCTCATCATGCCTCTCGTCTTCGACGCCATCTTGCTT 780
     G  D  M  G  G  A  T  Q  L  I  M  P  L  V  F  D  A  I  L
781 GCTTGTGGGGCGACCCTTTCACAGCATGGCGGCTTATTTTGTGCCGGGAATGATGCTGGTT840
     A  C  G  A  T  P  F  T  A  W  R  L  A  Y  F  V  P  G  M  M
841 TTGGTGGTGATGGGCTTGCTTGTCCTCACCTTGGGACAAGATCTCCCCGATGGCAATCTG 900
     L  V  V  M  G  L  L  V  L  T  L  G  Q  D  L  P  D  G  N  L
901 AGGAGCCTCCAGAAGAACGGAGACATGAACAAAGATAAGTTCTCCAATGTTCTTCGGGGC 960
     R  S  L  Q  K  N  G  D  M  N  K  D  K  F  S  N  V  L  R  G
961 GCCGTCACCAACTATCGCACCTGGATCTTCGTCTTCATCTATGGCTATTGCATGGGCGTC 1020
     A  V  T  N  Y  R  T  W  I  F  V  F  I  Y  G  Y  C  M  G  V
1021 GAGCTCACCACCAAC AACGTGATCGCCGAGTACTACTATGACAGCTTCCACCTCGACCTC 1080
     E  L  T  T  N  N  V  I  A  E  Y  Y  Y  D  S  F  H  L  D  L
1081 CGCGCCGCTGGCACCATCGCCGCGATGTTTGGCTTGGCCAATATCTTCGCGGGCCCCATG 1140
     R  A  A  G  T  I  A  A  C  F  G  L  A  N  I  F  A  R  P  M
1141 GGTGGCTACCTCTCCGACCTCGGTGCCCGCTACTTCGGTATGCGAGCCCGACTCTGGAAC 1200
     G  G  Y  L  S  D  L  G  A  R  Y  F  G  M  R  A  R  L  W  N
1201 ATCTCGGATCCTCCAAACTGCCGGGAGGTGCCTTCTGCATCTGCCTCGGCCGCGCCACC 1260
     I  W  I  L  Q  T  A  G  G  A  F  C  I  C  L  G  R  A  S  T
1261 CTCCCTACTTCGGTCACCTGCATGGTCCTATACTCCATATGCGTCGGTGTCGATGCAGTC 1320
     L  P  T  S  V  T  C  M  V  L  Y  S  I  C  V  E  A  A  C  G
1321 GCCGTCTATGGTGTCATCCCCTTCGTCTCACGAAGGTCCCTCGGTCTCATCTCGATGATG 1380
     A  V  Y  G  V  I  P  F  V  S  R  R  S  L  G  L  I  S  G  M
1381 AGCGGTGCAGGAAACGTCGGCGGCGGGCTCACGCAGTTCCTGTTCACGTCGTCA 1440
     S  G  A  G  G  N  V  G  G  G  L  T  Q  F  L  F  F  T  S  S
1441 CAGTACTCCACTGGCAAGGGGTTCCTCCAGTATATGGGGATCATGGTGTGCACTCTC 1500
     Q  Y  S  T  G  K  G  L  Q  Y  M  G  I  M  V  M  V  C  T  L
1501 CCCGTCGCCCTCGTGCACTTCCCACAGTGGGGGTCCATGCTCCTCCCTCCCAGTGCCAAC 1560
     P  V  A  L  V  H  F  P  Q  W  G  S  M  L  L  P  S  A  N
1561 GCCACCGAGGAAGACTACTACGGTACCGAGTGGACGGACGAGGAAGAGAAGAGCAAAGGGCTC 1620
     A  T  E  E  D  Y  Y  G  T  E  W  T  D  E  E  K  S  K  G  L
1621 CATGGGGCCAGCCTCAAGTTTGCCGAGAACAGCATCTCCGAGCGCGGAAGACGAAACATC 1680
     H  G  A  S  L  K  F  A  E  N  S  I  S  E  R  G  R  R  N  I
1681 ATCCTCGCCGTACCTTCCACCCCGCCGAACAACACGCCTCAACACGTATAAAGGCTCCATC 1740
     I  L  A  V  P  S  T  P  N  N  T  P  Q  H  V  -
1741 GACACTTCTTTTACCTATGTACCATGCACATGTACATTCATTGATTACGCACACGC 1800
1801 GTATACATACGTGTACAATCAGTTGTACATTCCCAGGGGAGCG 1842
```

图 3 – 3　草地早熟禾 *NRT2.1* 基因的序列

3.3.2　草地早熟禾 *NRT*2.1 基因序列的生物信息学分析

利用 ProtParam 对草地早熟禾 *NRT*2.1 编码的氨基酸序列进行理化性质分析。结果显示:NRT2.1 蛋白分子量为 54.50 kDa,等电点(pI)为 7.88,蛋白质分子式为 $C_{2467}H_{3813}N_{635}O_{686}S_{36}$,其为不稳定蛋白。*NRT*2.1 编码氨基酸组成见表 3-4,其中含量较高的是 Gly,占 11.0%。其中,表面带负电荷的氨基酸残基(Asp + Glu)有 30 个,带正电荷的氨基酸残基(Arg + Lys)有 32 个,平均亲水系数为 0.44。

表 3-4　草地早熟禾 NRT2.1 蛋白的氨基酸组成

氨基酸	比例	氨基酸	比例	氨基酸	比例	氨基酸	比例
丙氨酸 Ala (A)	9.8%	谷氨酰胺 Gln (Q)	2.0%	亮氨酸 Leu (L)	9.6%	丝氨酸 Ser (S)	7.4%
精氨酸 Arg (R)	4.1%	谷氨酸 Glu (E)	2.8%	赖氨酸 Lys (K)	2.2%	苏氨酸 Thr (T)	6.3%
天冬酰胺 Asn(N)	3.9%	甘氨酸 Gly (G)	11.0%	甲硫氨酸 Met(M)	4.3%	色氨酸 Trp (W)	1.8%
天冬氨酸 Asp(D)	3.1%	组氨酸 His (H)	1.4%	苯丙氨酸 Phe(F)	5.9%	酪氨酸 Tyr (Y)	3.5%
半胱氨酸 Cys(C)	2.8%	异亮氨酸 Ile(I)	6.1%	脯氨酸 Pro (P)	4.5%	缬氨酸 Val (V)	7.5%

TMHMM Server v. 2.0 分析发现,草地早熟禾 NRT2.1 蛋白具有 11 个跨膜区,见图 3-4。利用 SignalP 4.1 Server 进行信号肽预测分析,结果表明:草地早熟禾 *NRT*2.1 编码氨基酸的平均信号肽的最大值为 0.145,未超过阈值 0.5,推断出该蛋白没有信号肽(图 3-5)。利用 Expasy-ProtScale 软件在线分析草地早熟禾 NRT2.1 蛋白属于亲水蛋白(图 3-6)。

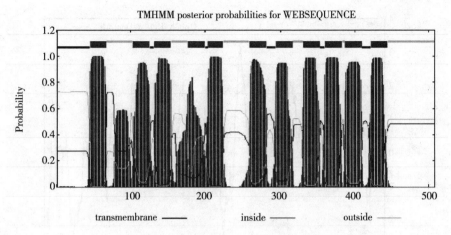

图 3 - 4 草地早熟禾 NRT2.1 蛋白跨膜区预测分析

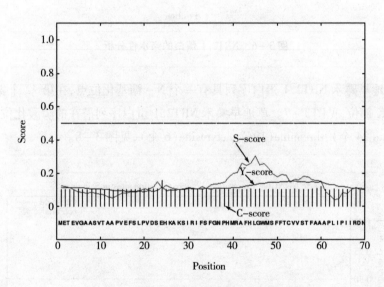

图 3 - 5 *NRT*2.1 编码氨基酸的信号肽分析

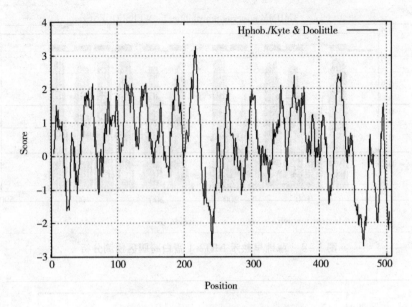

图 3 - 6　NRT2.1 蛋白的亲水性分析

草地早熟禾 NRT2.1 蛋白序列具有一个 N - 糖基化位点,在第 72 个氨基酸的 NLTK 部位,见图 3 - 7。草地早熟禾 NRT2.1 蛋白序列潜在的磷酸化位点,包括 serine(24 个),threonine(19 个),tyrosine(6 个),见图 3 - 8。

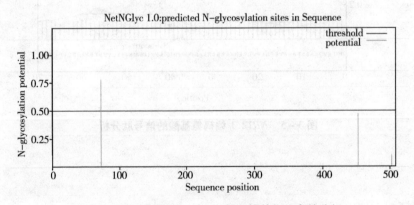

图 3 - 7　草地早熟禾 NRT2.1 蛋白糖基化位点的分析

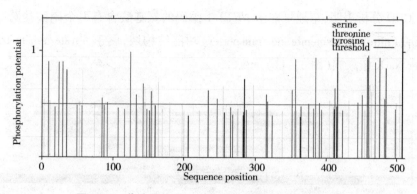

图 3 - 8 草地早熟禾 NRT2.1 蛋白磷酸化位点的分析

经 SOPMA 预测草地早熟禾 NRT2.1 蛋白二级结构,其含有 42.72% 的 α - 螺旋、33.86% 的不规则卷曲、16.92% 的延伸链和 6.50% 的 β - 转角(图3 - 9)。进一步利用 SWISS - MODEL 在线软件对 *NRT*2.1 基因编码的蛋白质的三级结构进行建模(图 3 - 10),发现其与二级结构的预测结果一致。

图 3 - 9 草地早熟禾 NRT2.1 蛋白的二级结构

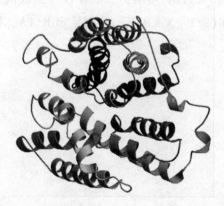

图 3 - 10 草地早熟禾 NRT2.1 蛋白的三级结构

CDD 分析表明,草地早熟禾 *NRT*2.1 编码的氨基酸含有 1 个硝酸盐跨膜转运蛋白(nitrate transmembrane transporter)功能结构域,属于 nitrate/nitrite transporter NarK 超家族(图 3 - 11)。

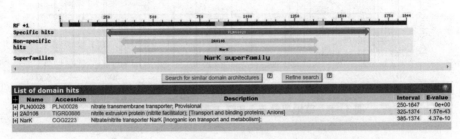

图 3 - 11 草地早熟禾 NRT2.1 功能结构域

将草地早熟禾 *NRT*2.1 编码的氨基酸和与其相似度最高的 3 个 *NRT*2.1 基因(EMS46094.1,XP_003572590.2,XP_003572590.2)编码的氨基酸进行多序列比对,见图 3 - 12,其中"ARPMGGYLSDLGARYFGMRARLWNIWILQTAGG"高度保守,其次是"KADIGNAGVASVSG""MGGGATQLIM PLVF"。草地早熟禾 *NRT*2.1 与二穗短柄草、大麦和节节麦的 *NRT*2.1 相比,在第 1 个和第 2 个跨膜区之间有一段 MFS 家族所特有的序列特征:G - X3 - D - X2 - G - X - R,此外在第 3 个和第 4 个跨膜区上还有一个典型的 NO_3^-/NO_2^- 转运载体特征序列:A - G - W - G - N - M - G。在第 2 个和第 3 个跨膜区之间含有保守的蛋白激酶 C 识别基序(S/T - X - R/K)TIR,在第 9 个和第 11 个跨膜区之间含有多个保守的蛋白激酶 C 识别基序(S/T - X - R/K),分别是 SRR,TA/GK,SLK 和 SER。

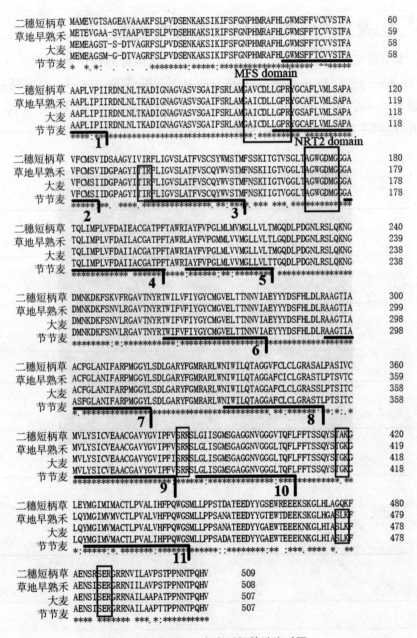

图 3 - 12　NRT2.1 多序列氨基酸比对图

注:数字标注代表蛋白质跨膜区位置,黑框线代表 *MFS* 和 *NRT2* 功能结构域
特有的序列,灰色框线代表保守的蛋白激酶 C 识别序列"S/T - X - R/K"。

3.3.3 草地早熟禾 *NRT*2.4 基因的克隆

本书研究以反转录获得的 cDNA 为模板,利用特异性引物(NRT2.4 - F/NRT2.4 - R)进行 PCR 扩增,得到该目的基因条带,见图 3 - 13。经序列分析,发现草地早熟禾 *NRT*2.4 基因全长为 1694 bp,包括 1257 bp 开放阅读框(ORF),编码了 418 个氨基酸,见图 3 - 14。

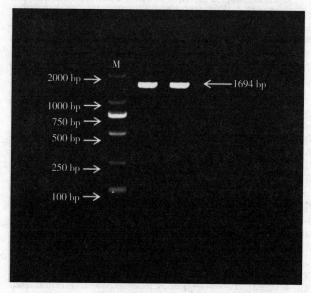

图 3 - 13 草地早熟禾 *NRT*2.4 基因的电泳图

```
1   ATGGTTACCATGGGAAGAAGGACGTACACCAAGAACAGTACTGCTGCGGCGACTGGCCGGTCGACGGTGTCGACACCGAGGGCCGCGCC
    M  V  T  M  G  K  K  D  V  H  Q  E  Q  Y  C  C  G  D  W  P  V  D  G  V  D  T  E  G  R  A
91  ACGGAGCTGCGGCCTGGCGCTGTCAAGCCCGCACACGCAGGCCTTCCACCTCGCCTGGCTCTCCCTCTTCGCCTGCTTTTTCGCCGCC
    T  E  L  R  P  L  A  L  S  S  P  H  T  Q  A  F  H  L  A  W  L  S  L  F  A  C  F  F  A  A
181 TTCGCCGCGCCGCCCATCCTCCCTGCCCTACGCCCGGCGCTCGTCCTCGCTCCATCCGACGCCTCCACCGCCGCCGTCGGATCCCTCATC
    F  A  A  P  P  I  L  P  A  L  R  P  A  L  V  L  A  P  S  D  A  S  T  A  A  V  G  S  L  I
271 GCCGCGCTCGTCGGTCGCCTCGTCATGGGCCCCGTTTGCGACCTCCTCGGCCCGCGCCGTGCGCGGGGGCTCGCCAGCCTCGTCTGCGG
    A  A  L  V  G  R  L  V  M  G  P  V  C  D  L  L  G  P  R  R  A  S  G  L  A  S  L  V  C  A
361 CTCGCGCTCGCTCTGGCTGCCGTGTACGCGTCCTCGCCCGCGGGATTCGTCGCGCTCCGCTTCTGCGCGGGGCTCTCGCTCTCCAACTTC
    L  A  L  A  L  A  A  V  Y  A  S  S  P  A  G  F  V  A  L  R  F  C  A  G  L  S  L  S  N  F
451 GTCGCCAACCAGCACTGGATGTCCCGCATCTTCGCGCCGTCCGCCGTCGGCCTAGCCAACGCCGTGGCGGCGGGCTGGGCCAACGTCGGC
    V  A  N  Q  H  W  M  S  R  I  F  A  P  S  A  V  G  L  A  N  A  V  A  A  G  W  A  N  V  G
541 AGCGCCGCCGCCCAGATCGCCATGCCGCTCGCCTACGACTGCATCGTGCTGCGCCTCGGCGTACCTATCACCGTCGCGTGGCGTGTCGCC
    S  A  A  A  Q  I  A  M  P  L  A  Y  D  C  I  V  L  R  L  G  V  P  I  T  V  A  W  R  V  A
631 TACCTCATCCCCGTGCCGCCATGCTCATCACCACCGGCCTCGCCGTCCTCGCCTTCCCCTACGACCTCCCACAGGGCTGCGCTGCTTCTGGT
    Y  L  I  P  C  A  M  L  I  T  T  G  L  A  V  L  A  F  P  Y  D  L  P  Q  G  C  A  A  S  G
721 GGCGGCCGGGACAAAGGAGGAGACAAAGGGACCAAGGGCTTCTGGAAGGCGGTGCGAGGAGGGGTCTGCGACTACCGGCGTGGGTTCT
    G  G  G  R  D  K  G  G  D  K  G  T  K  G  F  W  K  A  V  R  G  G  V  C  D  Y  R  A  W  V  L
811 TTGCTCACCTACGGCTACTGCTACGGCGTGGAGCTCATCATGGAGAACGTGGCGGCAGACTTCTTCAGGAGACGGTTCCGGCTGCCCATG
    L  L  T  Y  G  Y  C  Y  G  V  E  L  I  M  E  N  V  A  A  D  F  F  R  R  R  F  R  L  P  M
901 GAGGCTGCGGGCGCTGCCGCGGCGTGCTTCGGCGTGATGAACACCGTGGCGCGGCCGGCGGGAGGGGTGGCGTCCGACGAGGTGGGAAGG
    E  A  A  G  A  A  A  A  C  F  G  V  M  N  T  V  A  R  P  A  G  G  V  A  S  D  E  V  G  R
991 CGTTTCGGGATGCGGGGGGAGGCTGTGGGCGCTCTGGGCGTGCAAAGCACCGGCGCGGTGCTCTGCGTTCTAGTCGGCAGGATGGGCACC
    R  F  G  M  R  G  R  L  W  A  L  W  A  V  Q  S  T  G  A  V  L  C  V  L  V  G  R  M  G  T
1081 GCGGAGGCGCCGTCGCTAGCGGCGACGATGGCGGTGATGGTGGCTTGCGGGGCGTTCGTGCAGGCCGCGTCAGGGCTCACCTTTGGCATC
    A  E  A  P  S  L  A  A  T  M  A  V  M  V  A  C  G  A  F  V  Q  A  A  S  G  L  T  F  G  I
1171 GTTCCCTTCGTCTCCAAGAGGTGCTTCATGGAGATCTGGGCGCTGGGAAGGCCAACATCTTCGTCTGCTTGGCTCTACTGCGAGTGA
    V  P  F  V  S  K  R  C  F  M  E  I  W  A  L  G  R  P  T  S  S  S  A  W  L  Y  C  E  ·
```

图 3 – 14　草地早熟禾 *NRT*2.4 基因的氨基酸序列

注:深灰色区为起始密码子,浅灰色区为终止密码子。

3.3.4　草地早熟禾 *NRT*2.4 基因序列的生物信息学分析

利用 ProtParam 对草地早熟禾 *NRT*2.4 编码的氨基酸序列进行理化性质分析。结果显示:NRT2.4 蛋白分子量为 43.75 kDa,等电点(pI)为 8.87,蛋白质分子式为 $C_{1977}H_{3089}N_{533}O_{529}S_{30}$,其为稳定蛋白。*NRT*2.4 编码氨基酸组成见表 3 –5,其中含量较高的是 Ala,占 17.9%。其中,表面带负电荷的氨基酸残基(Asp + Glu)有 23 个,带正电荷的氨基酸残基(Arg + Lys)有 32 个,平均亲水系数为 0.609。

表 3 – 5　草地早熟禾 NRT2.4 蛋白的氨基酸组成

氨基酸	比例	氨基酸	比例	氨基酸	比例	氨基酸	比例
丙氨酸 Ala（A）	17.9%	谷氨酰胺 Gln(Q)	1.9%	亮氨酸 Leu（L）	10.8%	丝氨酸 Ser（S）	5.9%
精氨酸 Arg（R）	6.0%	谷氨酸 Glu（E）	2.4%	赖氨酸 Lys（K）	1.7%	苏氨酸 Thr（T）	3.8%
天冬酰胺 Asn(N)	1.4%	甘氨酸 Gly（G）	10.0%	甲硫氨酸 Met(M)	3.3%	色氨酸 Trp（W）	2.6%
天冬氨酸 Asp(D)	3.1%	组氨酸 His（H）	1.0%	苯丙氨酸 Phe(F)	4.8%	酪氨酸 Tyr（Y）	2.4%
半胱氨酸 Cys(C)	3.8%	异亮氨酸 Ile(I)	2.6%	脯氨酸 Pro（P）	5.3%	缬氨酸 Val（V）	9.3%

　　TMHMM Server v. 2.0 分析发现,草地早熟禾 NRT2.4 蛋白具有 8 个跨膜区,见图 3 – 15。利用 SignalP 4.1 Server 进行信号肽预测分析,结果表明:草地早熟禾 *NRT*2.4 编码氨基酸的平均信号肽的最大值为 0.131,未超过阈值 0.5,推断出该蛋白没有信号肽(图 3 – 16)。利用 Expasy – ProtScale 软件在线分析草地早熟禾 NRT2.4 蛋白属于亲水蛋白(图 3 – 17)。

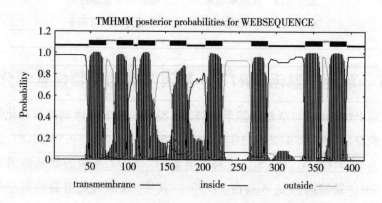

图 3 – 15　草地早熟禾 NRT2.4 蛋白跨膜区预测分析

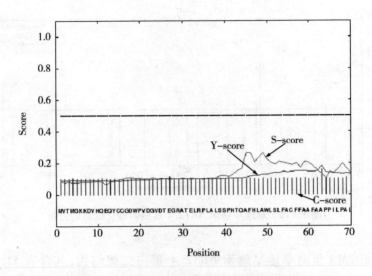

图 3 - 16 *NRT*2.4 编码氨基酸的信号肽分析

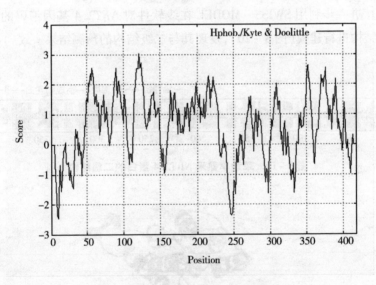

图 3 - 17 NRT2.4 蛋白的亲水性分析

草地早熟禾 NRT2.4 蛋白序列无 N - 糖基化位点。草地早熟禾 NRT2.4 蛋白序列潜在的磷酸化位点,包括 serine(17 个),threonine(9 个),tyrosine(1 个),见图 3 - 18。

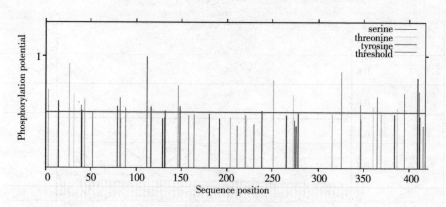

图 3 – 18　草地早熟禾 NRT2.4 蛋白磷酸化位点的分析

经 SOPMA 预测草地早熟禾 NRT2.4 蛋白二级结构,其含有 51.67% 的 α - 螺旋、28.71% 的不规则卷曲、14.12% 的延伸链和 5.50% 的 β - 转角(图 3 – 19)。进一步利用 SWISS – MODEL 在线软件对 *NRT*2.4 基因编码的蛋白质的三级结构进行建模(图 3 – 20),发现其与二级结构的预测结果一致。

图 3 – 19　草地早熟禾 NRT2.4 蛋白的二级结构

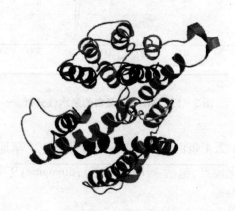

图 3 – 20　草地早熟禾 NRT2.4 蛋白的三级结构

CDD 分析表明,草地早熟禾 *NRT2.* 4 编码的氨基酸含有 1 个硝酸盐跨膜转运蛋白(nitrate transmembrane transporter)功能结构域和 1 个 nitrite extrusion protein 功能结构域,属于 nitrate/nitrite transporter NarK 超级家族(图 3 – 21)。

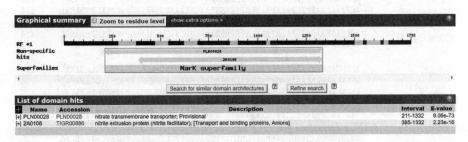

图 3 – 21　草地早熟禾 NRT2. 4 功能结构域分析

将草地早熟禾 *NRT2.* 4 编码的氨基酸和与其相似度最高的 3 个 *NRT2.* 4 基因(XM_015780622. 2,XM_003566718. 4,XM_020297303. 1)编码的氨基酸进行多序列比对(图 3 – 22),其中"LFACFFAAFAAPPILPALRPA""VGLANAVAAG-WANVGSAAAQ""MENVAADFFRRRFRLPMEAAGAAAACFG"高度保守。草地早熟禾 *NRT2.* 4 与二穗短柄草、水稻和节节麦 *NRT2.* 4 相比,在第 6 个和第 7 个跨膜区之间有一段 MFS 家族所特有的序列特征:G – X3 – D – X2 – G – X – R,此外在第 4 个跨膜区还有一个典型的 NO_3^-/NO_2^- 转运载体特征序列:A – G – W – G/A – N – M – G,在第 8 个跨膜区之后含有保守的蛋白激酶 C 识别基序(S/T – X – R/K)——SKR。

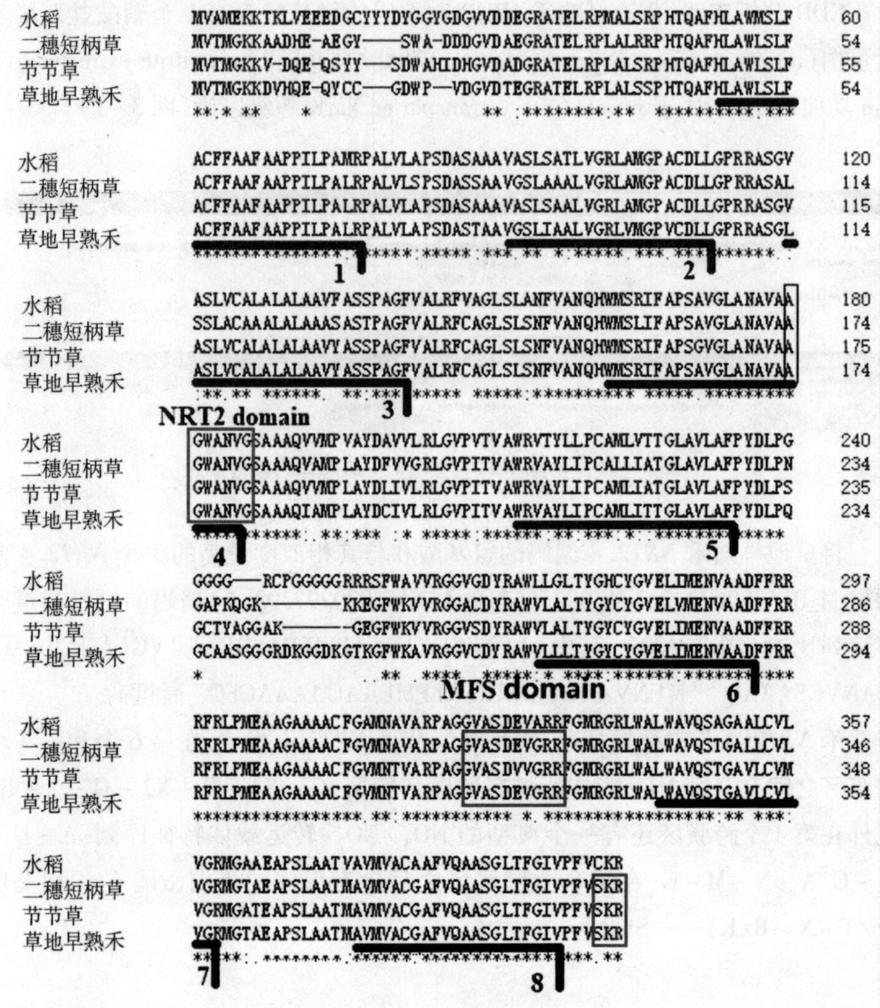

```
水稻          MVAMEKKTKLVEEEDGCYYYDYGGYGDGVVDDEGRATELRPMALSRPHTQAFHLAWMSLF    60
二穗短柄草    MVTMGKKAADHE-AEGY------SWA-DDDGVDAEGRATELRPLALRRPHTQAFHLAWLSLF    54
节节草        MVTMGKKV-DQE-QSYY------SDWAHIDHGVDADGRATELRPLALSRPHTQAFHLAWLSLF   55
草地早熟禾    MVTMGKKDVHQE-QYCC------GDWP-VDGVDTEGRATELRPLALSSPHTQAFHLAWLSLF    54
              **:***  .. .  .        .* ..:**::******** ***:.. **********:***

水稻          ACFFAAFAAPPILPAMRPALVLAPSDASAAAVASLSATLVGRLAMGPACDLLGPRRASGV    120
二穗短柄草    ACFFAAFAAPPILPALRPALVLSPSDASSAAVGSLAAALVGRLAMGPACDLLGPRRASAL    114
节节草        ACFFAAFAAPPILPALRPALVLAPSDASAAAVASLSAALVGRLAMGPACDLLGPRRASGV    115
草地早熟禾    ACFFAAFAAPPILPALRPALVLAPSDASTAAVGSLIAALVGRLVMGPVCDLLGPRRASGL    114
                          1                                              2

水稻          ASLVCALALALAAVFASSPAGFVALRFVAGLSLANFVANQHWMSRIFAPSAVGLANAVAA    180
二穗短柄草    SSLACAAAALALAAASASTPAGFVALRFCAGLSLSNFVANQHWMSLIFAPSAVGLANAVAA   174
节节草        ASLVCALALALAVYASSPAGFVALRFCAGLSLSNFVANQHWMSRIFAPSGVGLANAVAA    175
草地早熟禾    ASLVCALALALAVYASSPAGFVALRFCAGLSLSNFVANQHWMSRIFAPSAVGLANAVAA    174
                                    **:      3

NRT2 domain
水稻          GWANVGSAAAQVVMPVAYDAVVLRLGVPVTVAWRVTYLLPCAMLVTTGLAVLAFPYDLPG    240
二穗短柄草    GWANVGSAAAQVAMPLAYDFVVGRLGVPITVAWRVAYLIPCALLIATGLAVLAFPYDLPN   234
节节草        GWANVGSAAAQVVMPLAYDLIVLRLGVPITVAWRVAYLIPCAMLIATGLAVLAFPYDLPS   235
草地早熟禾    GWANVGSAAAQIAMPLAYDCIVLRLGVPITVAWRVAYLIPCAMLITTGLAVLAFPYDLPQ   234
                4         ***:**:*.*: *  :.****:*.****.** :****:*:**********:    5

水稻          GGGG--RCPGGGGGRRRSFWAVVRGGVGDYRAWLLGLTYGHCYGVELIMENVAADFFRR    297
二穗短柄草    GAPKQGK--------KKEGFWKVVRGGACDYRAWVLALTYGYCYGVELVMENVAADFFRR    286
节节草        GCTYAGGAK-----GEGFWKVVRGGVSDYRAWVLALTYGYCYGVELVMENVAADFFRR    288
草地早熟禾    GCAASGGGRDKGGDKGTKGFWKAVRGGVCDYRAWLLLTYGYCYGVELIMENVAADFFRR    294
              *        .      **     .      ****    ::*****:*********

                                       MFS domain                 6
水稻          RFRLPMEAAGAAAACFGAMNAVARPAGGVASDEVARRFGMRGRLWALWAVQSAGAALCVL   357
二穗短柄草    RFRLPMEAAGAAAACFGVMNAVARPAGGVASDEVGRRFGMRGRLWALWAVQSTGALLCVL   346
节节草        RFRLPMEAAGAAAACFGVMNTVARPAGGVASDVVGRRFGMRGRLWALWAVQSTGAVLCVM   348
草地早熟禾    RFRLPMEAAGAAAACFGVMNTVARPAGGVASDEVGRRFGMRGRLWALWAVQSTGAVLCVL   354
              *********** **** **:**:********** **:****************:**:***:

水稻          VGKMGAAEAPSLAATVAVMVACAAFVQAASGLTFGIVPFVCKR
二穗短柄草    VGKMGTAEAPSLAATMAVMVACGAFVQAASGLTFGIVPFVSKR
节节草        VGKMGATEAPSLAATMAVMVACGAFVQAASGLTFGIVPFVSKR
草地早熟禾    VGKMGTAEAPSLAATMAVMVACGAFVQAASGLTFGIVPFVSKR
                7    :***:********:*****.**.*************    8
```

图 3 – 22　NRT2.4 多序列氨基酸比对图

注:数字标注代表蛋白质跨膜区位置,黑色框线代表 *MFS* 和 *NRT2* 功能结构域
特有的序列,灰色框线代表保守的蛋白激酶 C 识别序列"S/T – X – R/K"。

3.3.5　*NRT2* 家族基因的同源进化关系

　　通过 GeneBank 查找已经公布的不同物种 *NRT2* 家族基因,汇总结果见附表
2。将不同物种的 *NRT2* 家族基因及草地早熟禾 *NRT2.* 1、*NRT2.4* 基因的氨基酸

序列,利用 MEGA 7.0 及 MEME 进行氨基酸比对,进一步了解不同物种中 *NRT*2 家族基因的同源进化关系。由图 3 – 23 可知,草地早熟禾 *NRT*2. 1 与小麦、二穗短柄草 *NRT*2. 1(LC278395. 1 和 XP_003570801. 1)同源性最高,均高于 94%。草地早熟禾 *NRT*2. 1 编码的氨基酸序列也与多个物种的 *NRT*2. 2,*NRT*2. 3 编码的氨基酸序列相似度较高,如大麦、小麦、水稻。草地早熟禾 *NRT*2. 4 与二穗短柄草和节节麦 *NRT*2. 4(XP_003566766. 2 和 XM_020297303. 1)同源性最高。草地早熟禾 *NRT*2. 4 编码的氨基酸序列也与其他物种的 *NRT*2. 7 编码的氨基酸序列相似度较高。草地早熟禾 *NRT*2. 1 与 *NRT*2. 4 遗传距离较远,将草地早熟禾的 *NRT*2. 1、*NRT*2. 4 基因与二穗短柄草进行比对(图 3 – 24),发现它们都含有一段 *MFS* 家族所特有的序列特征:G – X3 – D – X2 – G – X – R,但是其他氨基酸序列差异较大。

不同物种的 *NRT*2 家族基因的同源进化关系被明确分成 3 大类。第一类主要包括双子叶植物纲(dicotyledons),单子叶植物纲(monocotyledons),松柏纲(coniferopsida)和藓纲(musci)植物 *NRT*2 家族基因;第二类主要包括双子叶植物纲,单子叶植物纲和绿藻纲(chlorophyceae)植物的 *NRT*2. 3 和 *NRT*2. 5 基因;第三类主要包括双子叶植物纲,单子叶植物纲和绿藻纲植物的 *NRT*2. 4 和 *NRT*2. 7 基因。

研究发现,单子叶植物的 *NRT*2 家族分成 3 个组分,Monocotyledons Group 1 中不同禾本科植物的 *NRT*2. 1 与 *NRT*2. 2 基因高度相似,Monocotyledons Group 2 中不同禾本科植物的 *NRT*2. 3 与 *NRT*2. 5 基因高度相似,Monocotyledons Group 3 中 *NRT*2. 4 单独为一个分支。其中,在单子叶植物的 *NRT*2 家族进化树中,草地早熟禾与禾本科的二穗短柄草的 *NRT*2 基因均处于同一进化分支,且同源性最高,表明它们在进化上可能拥有共同的祖先,*NRT* 基因的功能也可能相似。

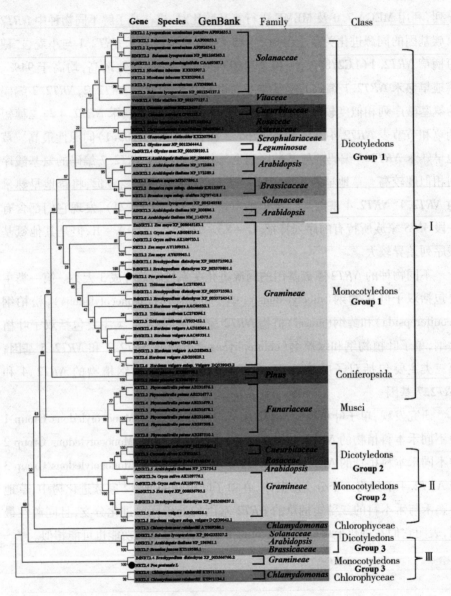

图 3-23　不同物种的 *NRT2* 家族基因的同源进化关系

```
XP_003570801.1   MEMEAGSASMGE——MPASRFSLPVDSENKAKSIRIFSFGNPHMRAFHLGWMSFFVCVVS    57
NRT2.1           METEVGAASVTA——A-PVEFSLPVDSEHKAKSIRIFSFGNPHMRAFHLGWMSFFTCVVS    56
XP_003566766.2   -MVTMGKKAADHEAEGYSWADDDGVDAEGRATELRPLALRRPHTQAFHLAWLSLFACFFA    59
NRT2.4           -MVTMGKKDVHQEQYCCGDWPVDGVDTEGRATELRPLALSSPHTQAFHLAWLSLFACFFA    59
                  *     .   : :   :* .   ** : : ***..*.:* . *  .  . .  .*.:.

                                                   MFS domain
XP_003570801.1   TFAAAPLVPIIRDNLNLTKADIGNAGIASVSGAIFSRLAM GAVCDLLGPRT GCAFLVMLS   117
NRT2.1           TFAAAPLIPIIRDNLNLTKADIGNAGVASVSGAIFSRLAM GAICDLLGPRT GCAFLVMLS   116
XP_003566766.2   AFAAPPILPALRPALVLSPSDASSAAVGSLAAALVGRLAM GPACDLLGPRR ASALSSLAC   119
NRT2.4           AFAAPPILPALRPALVLAPSDASTAAVGSLIAALVGRLVM GPVCDLLGPRR ASGLASLVC   119
                  :*** *: . :* :  * . .* .  ..:*  .::*   ** .*:  :* .*******
```

```
XP_003570801.1   APAV-FCMSVIDSAAGYITIRFLIGVSLATFVSCSYWVSTMFNSKIIGTVSGLTAGWGDIM   176
NRT2.1           APAV-FCMSVIDGPAGYITIRFLIGVSLATFVSCQYWVSTMFNSKIIGTVGGLTAGWGDIM   175
XP_003566766.2   AAALALAAASASTPAGFVALRFCAGLSLSNFVANQHWMSLIFAPSAVGLANAVAAGWANV   179
NRT2.4           ALALALAAVYASSPAGFVALRFCAGLSLSNFVANQHWMSRIFAPSAVGLANAVAAGWANV   179
                  * *: .:     .**:  :*  .:*:.* :.**  .:**  .:**  :***.    .: :.***
```

```
XP_003570801.1   GGGATQLIMPLVFDAIEACGA-TPFTAWRIAYFVPGLMLVVMGLLVLTMGQDLPDGNLRS   235
NRT2.1           GGGATQLIMPLVFDAILACGA-TPFTAWRLAYFVPGMMLVVMGLLVLTLGQDLPDGNLRS   234
XP_003566766.2   GSAAAQVAMPLAYDFVVGRLGVPITVAWRVAYLIPCALLIATGLAVLAFPYDLPNGAPKQ   239
NRT2.4           GSAAAQIAMPLAYDCIVLRLGVPITVAWRVAYLIPCAMLITTGLAVLAFPYDLPQGCAAS   239
                  *:. *:.:***.:*  :  .*  . :**.** :* *:*: :*** :*:  ***.*   .
```

```
XP_003570801.1   ——LQKNGDMSKDKFSKVIHGAVTNYRTWVFVFIYGYCMGVELTTNNVIAEYYYDSFQLD   292
NRT2.1           ——LQKNGDMNKDKFSNVLRGAVTNYRTWIFVFIYGYCMGVELTTNNVIAEYYYDSFHLD   291
XP_003566766.2   G————KKKEGFWKVVRGGACDYRAWVLALTYGYCYGVELVMENVAADFFRRRFRLP   291
NRT2.4           GGGRDKGGDKGTKGFWKAVRGGVCDYRAWVLLLTYGYCYGVELIMENVAADFFRRRFRLP   299
                  :   ..:   .:: **:  *. ..**:*:  :* *** *** :* *: *  *.* *
```

```
XP_003570801.1   LRAAGTIAACFGLANIFARPMGGYLSDLGARYFGMRARLWNIWILQTAGGVFCLCLGRAS   352
NRT2.1           LRAAGTIAACFGLANIFARPMGGYLSDLGARYFGMRARLWNIWILQTAGGAFCICLGRAS   351
XP_003566766.2   MEAAGAAAACFGVMNAVARPAGGVASDEVGRRFGMRGRLWALWAVQSTGALLCVLVGRMG   351
NRT2.4           MEAAGAAAACFGVMNTVARPAGGVASDEVGRRFGMRGRLWALWAVQSTGAVLCVLVGRMG   359
                  :.***  *****: *  *** .** .**  **.***.*** :* :*::* ::*: :.** .
```

```
XP_003570801.1   AL——PASIVCMVLYSICVEAACGAVYGVIPFVSRRSLGIISGMTGAGGNVGGGLTQF   407
NRT2.1           TL——PTSVTCMVLYSICVEAACGAVYGVIPFVSRRSLGLISGMSGAGGVGGGLTQF   406
XP_003566766.2   TAEAPSLAATMAVMVACGAFVQAASGLTFGIVPFVSKRSMGVVSGMTASGGAVGAMVTNR   411
NRT2.4           TAEAPSLAATMAVMVACGAFVQAASGLTFGIVPFVSKRCFMEIWALGRPTSSSAW   414
                  :    . : :*.:*:   ::.* .*  **:*****:*.:  :  *  :.   .
```

```
XP_003570801.1   LFFTTSKYPTSKGLEYMGVMIICCTLPVVLVHFPQWGSMFFPASTDATE——EDYYGSE   463
NRT2.1           LFFTSSQYSTGKGLQYMGIMVMVCTLPVALVHFPQWGSMLLPPSANATE——EDYYGTE   462
XP_003566766.2   LFFSSAMYTVEESISFTGLTSLLCTLPVALIYFPSSGGMLCGADEDDGHVHNDDDYMLLK   471
NRT2.4           LY——————CE——————————————————   418
                  *:           .                 *
```

```
XP_003570801.1   WSHEEKSKGLHLAGQKFAENSFSERGRRNVILAAPDGSPEHI——          505
NRT2.1           WTDEEKSKGLHGASLKFAENSISERGRRNIILAVPSTPPNNTPQHV          508
XP_003566766.2   —————————————————————————————          471
NRT2.4           —————————————————————————————          418
```

图 3－24　草地早熟禾 *NRT2.1* 和 *NRT2.4* 氨基酸多序列比对

　　将多物种 *NRT2* 家族基因编码的氨基酸序列通过 MEME 在线分析（图 3－25），发现 15 个保守结构域，分别为 MOTIF－1：PVDSEHKAKVFRLFSFANPHM-

RTFHLSWISFFTCFVSTFAAAPLVPIIRD；MOTIF－2：RFMIGFSLATFVSCQYWM-STMFNSKIIGLVNGLAAGWGNMGGGATQLIMP；MOTIF－3：KDKFSKVLWYAVT-NYRTWIFVLLYGYSMGVELTTDNVIAEYFYDRFDLK；MOTIF－4：NLNLTKADIG-NAGVASVSGSIFSRLAMGAVCDLLGPRYGCAFLIMLSAPT；MOTIF－5：MILFSI-GAQAACGATFGIIPFVSRRSLGIISGMTGAGGNVGAGLTQLLFF；MOTIF－6：IRKC-GATPFTAWRIAFFVPGWMHIVMGJLVLTLGQDLPDGNLASLQKKGD；MOTIF－7：AKATEEHYYASEWSEEEKQKGLHQASLKFAENSRSERGRRV；MOTIF－8：TGL-TYMGIMIIACTLPVTLVHFPQWGSMFLPPS；MOTIF－9：AGIIAASFGMANJVARPF-GGYLSD；MOTIF－10：GMRGRLWNLWILQTLGGVFCVWLGRA；MOTIF－11：GSPGSSMHGVTGREP VFAFSVASPIVPTD；MOTIF－12：VFCMSFVDDAAGYIA；MOTIF－13：ATPPNNTPNHV；MOTIF－14：TSSKYSTE；MOTIF－15：MEVEAGAH-GDAAASK。

由图3－25可知，Monocotyledons Group1 中 motif 组成的差异，主要是第一个 motif 结构，*ZmNRT*2.1、*OsNRT*2.1、*OsNRT*2.2、*ZmNRT*2.1 和 *ZmNRT*2.2 的第一个 motif 序列为 MOTIF－11；而草地早熟禾 *NRT*2.1、小麦 *NRT*2.1 等第一个 motif 为 MOTIF－8。Monocotyledons Group1 与 Monocotyledons Group2 相比，多出 MOTIF－15 和 MOTIF－13，其余部分相似。Monocotyledons Group2 与 Dicotyledons Group2 相比，motif 结构多了 MOTIF－12，其余部分相似。

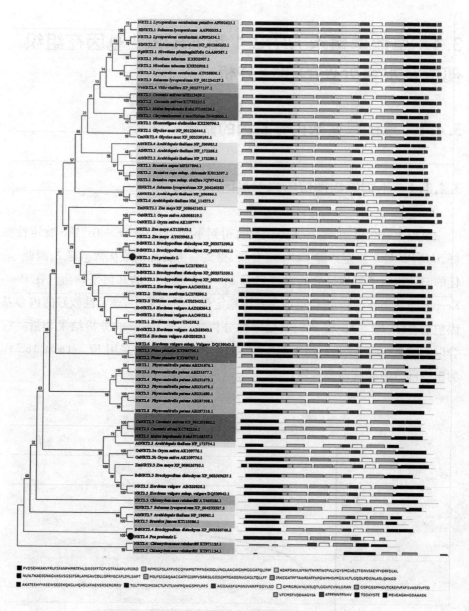

图 3-25　不同物种 *NRT2* 家族基因的 motif 分析

3.4 草地早熟禾 *NRT*2.1 和 *NRT*2.4 基因在组织部位及水氮处理的表达分析

3.4.1 草地早熟禾内参基因的筛选

3.4.1.1 不同组织部位中内参基因的筛选

由图 3 – 26 可知,经 GeNorm 分析,得到不同组织中 $EF – 1a$、18S 稳定性很好,*GADPH* 最不稳定。经 GeNorm 分析,得到参考目标的最优数量是 2,因此,最佳的归一化因子可以计算为参考目标 $EF – 1a$ 和 18S 的几何平均值。在 Best-Keeper 与 NormFinder 进行的内参基因稳定性分析结果中,稳定性较好的内参基因包括 *CYP*,$EF – 1a$ 和 18S,其稳定性分析结果与 GeNorm 分析结果相近。综合以上结果,在后续不同组织部位的 qRT – PCR 试验中,采用 $EF – 1a$ 和 18S 作为组织部分中候选内参基因。

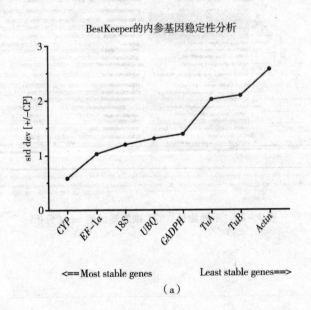

(a)

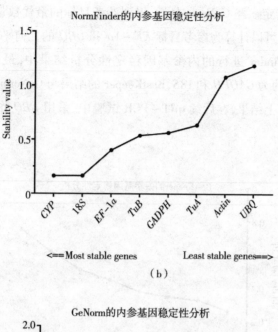

（b）

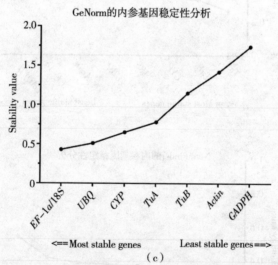

（c）

图 3 - 26　不同组织部位中内参基因表达水平稳定性分析

3.4.1.2　草地早熟禾氮素胁迫下内参基因的筛选

由图 3 - 27 可知,经 GeNorm 分析,得到氮素处理下中 *EF - 1a*、*UBQ* 稳定性很好,18S 最不稳定。经 GeNorm 分析,得到参考目标的最优数量是 2,因此,最佳的归一化因子可以计算为参考目标 *EF* − 1*a* 和 *UBQ* 的几何平均值。在 Best-Keeper 与 NormFinder 进行的内参基因稳定性分析结果中,最佳的为 *TuA* 和 *UBQ*,最不稳定的为 *GADPH* 和 18S,BestKeeper 的结果与 GeNorm、NormFinder 差异较大。综合以上结果,在后续 qRT − PCR 试验中,采用 *UBQ* 作为氮素胁迫中的候选内参基因。

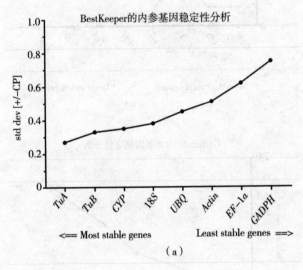

（a）

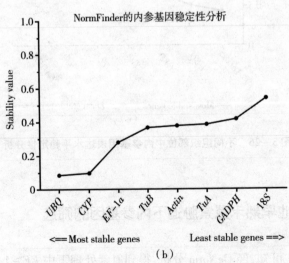

（b）

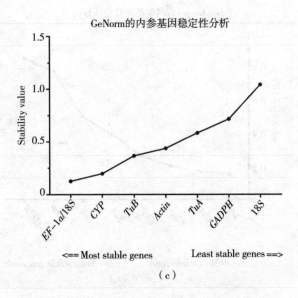

图 3 - 27　氮素胁迫中内参基因表达水平稳定性分析

3.4.1.3　草地早熟禾干旱胁迫下内参基因的筛选

由图 3 - 28 可知,经 GeNorm 分析,得到模拟干旱处理下中 $EF - 1a$、$18S$ 稳定性很好,$GADPH$ 最不稳定。经 GeNorm 分析,得到参考目标的最优数量是 2,因此,最佳的归一化因子可以计算为参考目标 $EF - 1a$ 和 $18S$ 的几何平均值。在 BestKeeper 与 NormFinder 进行的内参基因稳定性分析结果中,最佳的为 $18S$ 和 $EF - 1a$,最不稳定的为 $GADPH$,两个分析结果与 GeNorm 分析结果相近。综合结果,后续 qRT - PCR 试验中,采用 $EF - 1a$ 和 $18S$ 作为干旱胁迫下的候选内参基因。

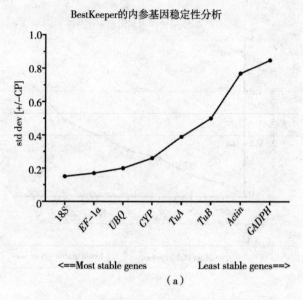

（a）

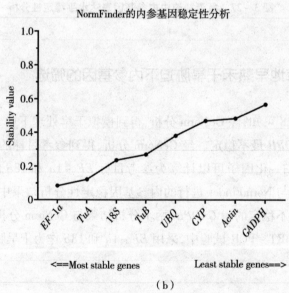

（b）

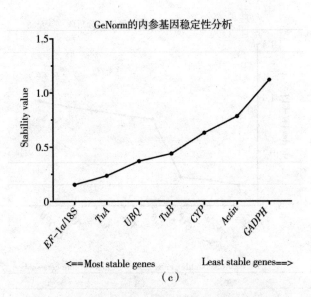

图 3 – 28　干旱胁迫下内参基因表达水平稳定性分析

3.4.1.4　草地早熟禾水氮互作下适宜的内参基因的筛选

由图 3 – 29 可知,经 GeNorm 分析,得到水氮互作处理下 $EF-1a$、UBQ 稳定性很好,$18S$ 最不稳定。经 GeNorm 分析,得到参考目标的最优数量是 2,因此,最佳的归一化因子可以计算为参考目标 $EF-1a$ 和 UBQ 的几何平均值。在 BestKeeper 与 NormFinder 进行的内参基因稳定性分析结果中,稳定性最佳的为 UBQ 和 $EF-1a$,最不稳定的为 $18S$,两个分析结果与 GeNorm 分析结果相近。综合结果,后续 qRT – PCR 试验中,采用 $EF-1a$ 和 UBQ 作为水氮互作处理中的候选内参基因。

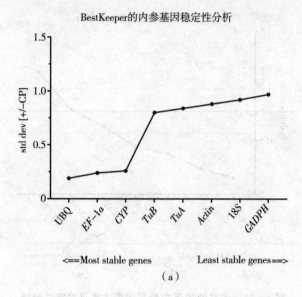

BestKeeper的内参基因稳定性分析

（a）

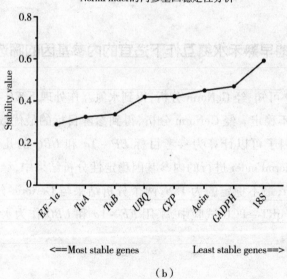

NormFinder的内参基因稳定性分析

（b）

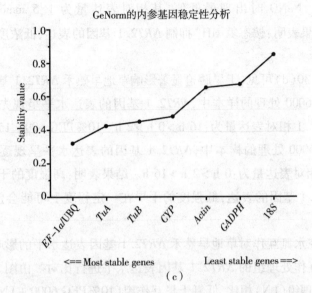

图 3 - 29　水氮互作处理中内参基因表达水平稳定性分析

3.4.2　草地早熟禾 *NRT2.1* 基因在不同组织及水氮处理下的表达分析

　　qRT - PCR 结果显示,草地早熟禾不同组织部位中的 *NRT2.1* 基因的表达水平差异显著,相对表达量的高低依次为:叶部 > 茎部 > 根部,见图 3 - 30(a)。为了便于观察氮素营养对 *NRT2.1* 基因表达水平的影响,本书研究从相同氮源不同浓度和相同浓度不同氮源的角度,测定 *NRT2.1* 基因的表达调控情况。由图 3 - 30(b)可见,氮素浓度均为 1.5 mmol · L^{-1} 的三种氮源不同溶液处理后,草地早熟禾 *NRT2.1* 基因相对表达量差异显著。单一硝态氮 $NaNO_3$ 溶液处理时,*NRT2.1* 基因相对表达量最高,其次是单一铵态氮(NH_4)$_2SO_4$ 处理,NH_4NO_3 处理后的相对表达量最少,仅为 $NaNO_3$ 组 *NRT2.1* 相对表达量的 6.46%。由图 3 - 30(c)可见,氮源为 $NaNO_3$,随着 NO_3^- 浓度增加,其相对表达量显著变化,低浓度的氮源利于 *NRT2.1* 基因的表达调控。在 1.5 mmol · L^{-1} $NaNO_3$ 中,*NRT2.1* 相对表达量最高,随着 NO_3^- 浓度增加,其相对表达量逐渐下降,

· 101 ·

15 mmol · L⁻¹ NaNO₃时出现最低值,其相对表达量为 1.5 mmol · L⁻¹时的11.71%。结果表明:铵态氮 NH_4^+ 抑制 *NRT*2.1 基因的表达,低浓度的硝态氮更利于其表达。

由图 3 - 30(d)可见,干旱胁迫显著影响草地早熟禾 *NRT*2.1 基因的表达水平。5% PEG 6000 处理的样本中,*NRT*2.1 基因的表达水平呈现先降低后升高的趋势,*NRT*2.1 相对表达量为:16 h > 0 h > 2 h。10% PEG 6000、15% PEG 6000和 20% PEG 6000 处理的样本中,*NRT*2.1 基因的表达水平呈现逐渐降低的趋势,*NRT*2.1 相对表达量为:0 h > 2 h > 16 h。结果表明:高强度的干旱抑制草地早熟禾 *NRT*2.1 基因的表达,低强度的干旱在一定程度上可能会促进 *NRT*2.1基因的表达。

为了研究水氮互作对草地早熟禾 *NRT*2.1 基因表达水平的影响,将氮素处理组与水氮互作处理组的 *NRT*2.1 基因表达水平进行比对。由图 3 - 30(e)可见,与低氮处理组(LN)相比,低氮干旱互作组(10% PEG 6000 + LN)*NRT*2.1 基因表达水平显著增加了 90.80%;与高氮处理组(HN)相比,高氮干旱互作组(10% PEG 6000 + HN)该基因的表达也显著增加,增加为原来的 1.19 倍。结果表明:水氮互作处理与单一氮素处理相比,水氮互作处理有利于 *NRT*2.1 基因的表达。

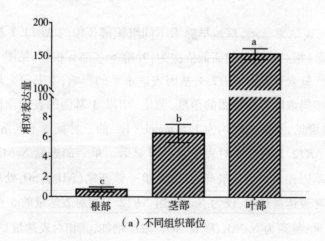

(a)不同组织部位

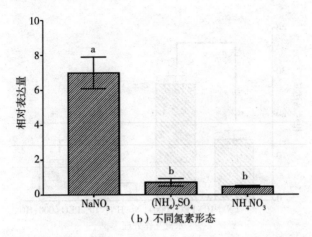

（b）不同氮素形态

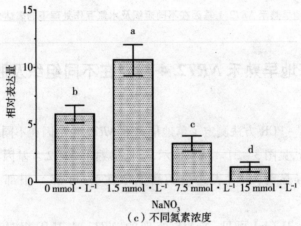

（c）不同氮素浓度

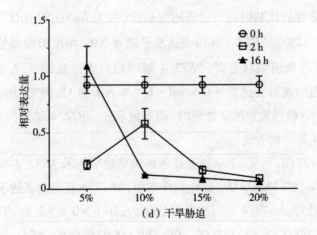

（d）干旱胁迫

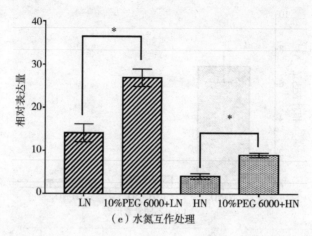

图 3 – 30　草地早熟禾 *NRT*2. 1 基因在不同组织及水氮互作处理下的表达分析($p < 0.05$)

3.4.3　草地早熟禾 *NRT*2. 4 基因在不同组织及胁迫下的表达分析

利用 qRT – PCR 方法测定了草地早熟禾 *NRT*2. 4 基因在不同组织及胁迫下的相对表达量,见图 3 – 31。结果显示,草地早熟禾 *NRT*2. 4 基因在不同组织部位中表达差异显著,相对表达量的高低依次为:叶部 > 根部 > 茎部,如图 3 – 31(a)所示。

由图 3 – 31(b)可见,$NaNO_3$ 处理的 *NRT*2. 4 基因相对表达量最高,$(NH_4)_2SO_4$ 处理后该基因的相对表达量最少,仅为 $NaNO_3$ 组 *NRT*2. 4 基因相对表达量的 17.82%。*NRT*2. 4 基因表达水平随着 NO_3^- 浓度的增加呈现先降低后升高的趋势,在氮饥饿状态时,*NRT*2. 4 基因相对表达量最高,7. 5 mmol · L^{-1} $NaNO_3$ 该基因的相对表达量是 0 mmol · L^{-1} $NaNO_3$ 的 15.09%[图 3 – 31(c)]。综合结果表明:相同氮素浓度处理时,硝态氮利于 *NRT*2. 4 基因的表达,铵态氮抑制 *NRT*2. 4 基因的表达。

由图 3 – 31(d)可见,干旱胁迫显著影响草地早熟禾 *NRT*2. 4 基因的表达水平。轻度干旱(5% PEG 6000)处理的样本中,*NRT*2. 4 基因的表达水平呈现先降低后升高的趋势,*NRT*2. 4 基因相对表达量为:16 h > 0 h > 2 h。中度及高度干旱(10% PEG 6000,15% PEG 6000,20% PEG 6000)处理中,*NRT*2. 4 基因的表达水平呈现逐渐降低的趋势,16 h 的 *NRT*2.4 基因的表达水平最低。但是高度干旱(20% PEG 6000)处理 0 ~ 16 h,*NRT*2.4 基因表达表达水平的差异最小。综合结果表明,中度及高度干旱对草地早熟禾 *NRT*2.4 基因表达水平的抑制作用更显著,轻度干旱在一定程度上促进 *NRT*2.4 基因的表达。将氮素处理组与水氮互作处理组进行比对[图 3 - 31(e)],水氮互作处理更利于 *NRT*2.4 基因的表达。低氮干旱互作组(10% PEG 6000 + LN)的 *NRT*2.4 基因的相对表达量是 LN 组的1.92倍。高氮干旱互作组(10% PEG 6000 + HN)的 *NRT*2.4 基因相对表达量是 HN 组的 7.79 倍。

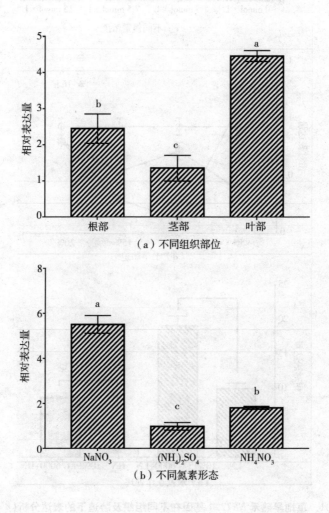

（a）不同组织部位

（b）不同氮素形态

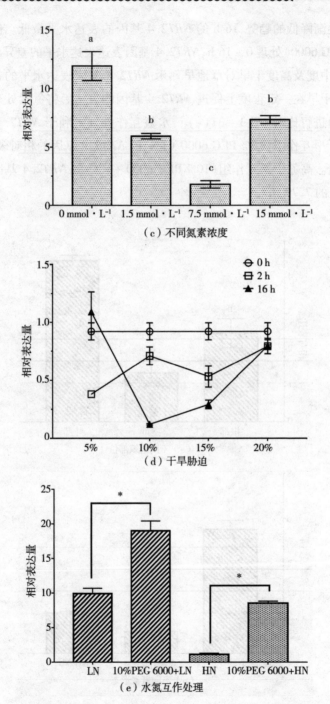

（c）不同氮素浓度

（d）干旱胁迫

（e）水氮互作处理

图 3 – 31　草地早熟禾 *NRT*2. 4 基因在不同组织及胁迫下的表达分析（$p < 0.05$）

第4章 草地早熟禾 *NPF*5.8 和 *NPF*8.3 基因的克隆与表达分析

4.1 试验材料与仪器

供试材料的培养、处理过程,试验试剂和试验仪器均参照前文。

4.2 试验方法

4.2.1 草地早熟禾 *NPF*5.8 和 *NPF*8.3 基因的引物设计

以 GeneBank 公布的二穗短柄草 *NPF*5.8(XM_024457643.1)、*NPF*8.3(XM_020332740.1)和二代转录组序列得到的草地早熟禾相关序列为基础,根据相关核苷酸序列设计特异性引物 NPF5.8 – F/R 和 NPF8.3 – F/R,见表4 – 1。

表4 – 1 PCR 与 qRT – PCR 相关引物

引物名称	引物序列
NPF5.8 – F	ATGGTGACGTACCTCACCGACGT
NPF5.8 – R	TCAAGGAGCGCCAAGAGACCAGT
Q – NPF5.8 – F	ATGGTGACGTACCTCACCGACGT
Q – NPF5.8 – R	AGGAGACGGTGATGGTGGAGTAGC
NPF8.3 – F	CCATTCCCCTCCCCCATGGCAT
NPF8.3 – R	ATCCTGCTAGTTATTGTGTAATCTTTG
Q – NPF8.3 – F	ATGCCTCTGCAGGATCATGTG
Q – NPF8.3 – R	GGCTCGCCGCCTCAACGTTG

4.2.2 草地早熟禾 *NPF*5.8 和 *NPF*8.3 基因编码区的 PCR 扩增

根据引物设计原则,设计 *NPF*5.8 和 *NPF*8.3 的特异性引物,见表 4 – 1,PCR 反应总体系为 50 μL,按表 4 – 2 依次加入相关溶液,反应程序为:98 ℃ 5 min,98 ℃ 30 s,57 ℃ 30 s,72 ℃ 3 min,共 32 个循环,最后 72 ℃ 10 min。

表 4 – 2 *NPF*5.8 和 *NPF*8.3 基因 PCR 扩增的反应体系

成分	体积
cDNA	4 μL
PrimeSTAR Max Premix	25 μL
NPF5.8 – F(NPF8.3 – F)	4 μL
NPF5.8 – R(NPF8.3 – R)	4 μL
ddH$_2$O	13 μL

4.2.3 草地早熟禾 *NPF*5.8 和 *NPF*8.3 基因的序列分析及进化树构建

通过 GeneBank 查找已经公布的不同物种 *NRT*1 家族基因,将查找结果汇总。将不同物种的 *NRT*1 家族基因及本书研究克隆得到的草地早熟禾 *NPF*5.8 和 *NPF*8.3 基因的氨基酸序列,利用 MEGA 7.0 进行氨基酸序列比对,进一步明确 *NRT*1 家族基因与不同物种中 *NRT*1 家族基因的同源进化关系。

4.2.4 草地早熟禾 *NRT*1 家族基因的表达调控分析

分析 *NPF*5.8 和 *NPF*8.3 基因在不同组织、氮素调控、干旱胁迫、水氮互作处理下的表达水平。

4.3　草地早熟禾 *NPF* 5.8 和 *NPF* 8.3 基因克隆及生物信息学分析

4.3.1　草地早熟禾 *NPF*5.8 基因的克隆

本书研究以反转录获得的 cDNA 为模板,利用特异性引物 PCR 扩增得到 *NPF*5.8 基因的条带,见图 4-1。经 NCBI Blast⁺ 分析,表明草地早熟禾 *NPF*5.8 基因的开放阅读框(ORF)长度为 1434 bp,编码了 477 个氨基酸,见图 4-2。

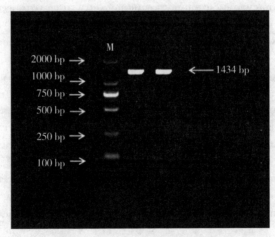

图 4-1　*NPF*5.8 基因的电泳图

```
1   ▮GTGACGTACCTCACCGACGTCGTGGAGATGAGCACGTCGGCGGCCGCCATGAGCGTCAGCGCATGGGCCGGGGTCACCTCCATGCTG
    M  V  T  Y  L  T  D  V  V  E  M  S  T  S  A  A  A  M  S  V  S  A  W  A  G  V  T  S  M  L

91  CCGCTCGTCAGCGCCGTCCTCGCCGACTCCTACTGGGATCGCTACTCCACCATCACCGTCTCCTCCTTGCTCTACGTCGCCGGGCTGATC
    P  L  V  S  A  V  L  A  D  S  Y  W  D  R  Y  S  T  I  T  V  S  S  L  L  Y  V  A  G  L  I

181 GGATTAACCTCGTGGGCCGGTTCTTCACAAATGGATGCCACGCTCCTCCCTCTTCCTCCCGCTCTACTGATCTCCATCGGGCAAGGCGGG
    G  L  T  S  W  A  V  L  H  K  W  M  P  R  S  S  L  F  L  P  L  Y  L  I  S  I  G  Q  G  G

271 TACAACCCTTCGCTGCAAGCTTTCGGCGCCGACCAGCTCGACATCGCAGACGATGACGACGACGATGGCGGTACGGCGGATGAGAAGGAC
    Y  N  P  S  L  Q  A  F  G  A  D  Q  L  D  I  A  D  D  D  D  D  D  G  G  T  A  D  E  K  D

361 AGGGTGAAGAGCTCCTTCTTTCAGTGGTGGTACTTCGGCATATGCTGCGGCAGCCTCCTGGGCAACTCCACCATGCCTTATGTACAGGAC
    R  V  K  S  S  F  F  Q  W  W  Y  F  G  I  C  C  G  S  L  L  G  N  S  T  M  P  Y  V  Q  D

451 ACAATAGGCTGGGGCATCGGTTTCGCCATCCCCTGCGCCGCCATGGCTGTTTGCATCGTGGCATTCTTCTGTTGCACACCTCTCTACAAG
    T  I  G  W  G  I  G  F  A  I  P  C  A  A  M  A  V  C  I  V  A  F  F  C  C  T  P  L  Y  K

541 CAGCAGAGCAAACAGCCGAAAAGTGTCCATGAGACTTCATCTACTGATAACATCTTCAGAGCTATCAAGTCGCTGCTCGCAAGTGTTTCC
    Q  Q  S  K  Q  P  K  S  V  H  E  T  S  S  T  D  N  I  F  R  A  I  K  S  L  L  A  S  V  S

631 GCCGGGAAGATCCGTTTGTCACCGAGACACGATGATGACGGGGATGATGAGAACAACTTTTCTGAATTAGAGCTGCAAGAGAAGGCCCTT
    A  G  K  I  R  L  S  P  R  H  D  D  D  G  D  D  E  N  N  F  S  E  L  E  L  Q  E  K  A  L

721 AAACTGGCGGAGTTAACTGACCCAAAAGAGTCCCTGAATGAGGCCAACAAACCGGGTGTGGCTAGGATCATCCTCAGGCTTCTACCGATC
    K  L  A  E  L  T  D  P  K  E  S  L  N  E  A  N  K  P  G  V  A  R  I  I  L  R  L  L  P  I

811 TGGACGGTGCTGCTCATGTTCGCGGTGATCTTCCAGCAGCCGATGACATTCTTCACGAAGCAGGGCGAGCTGATGGACCACCAGGTGGGC
    W  T  V  L  L  M  F  A  V  I  F  Q  Q  P  M  T  F  F  T  K  Q  G  E  L  M  D  H  Q  V  G

901 GGTGGCGCCTTCGTGATCCCCACCAGCGATGCTCCAAAGCACGATCACCGTGTCTATCATCCTCCTCATGCCGCTGTACGACAGGATCATC
    G  G  A  F  V  I  P  P  A  M  L  Q  S  T  I  T  V  S  I  I  L  L  M  P  L  Y  D  R  I  I

991 CCGCTGATCGGCGTCATCACCGGGCACAGCAAGGGGATCACGGTGCTCCAGCGGATCGGCGTGGGGATGGTACTATCCGTCGTTGCCATG
    P  L  I  G  V  I  T  G  H  S  K  G  I  T  V  L  Q  R  I  G  V  G  M  V  L  S  V  V  A  M

1081 GTCATCGCTGCGCTCGTCGAGTCCCAGCGGCGCCACGTCGTGGTGGCAATGGGTGGTCAGATGAACGTAGCCTGGCTCCTGCCGCAGTAC
     V  I  A  A  L  V  E  S  Q  R  R  H  V  V  V  A  M  G  G  Q  M  N  V  A  W  L  L  P  Q  Y

1171 GTGCTGCTGGGGGTGTCGGACGTGTTCACCGTCGTCGGGATGCAGGAGTTCTTCTACACGCAGGTCCCCGACACCATGAGGACCATCGGC
     V  L  L  G  V  S  D  V  F  T  V  V  G  M  Q  E  F  F  Y  T  Q  V  P  D  T  M  R  T  I  G

1261 ATCGGGCTCAACATCAGCGTGTATGGTGTTGGGAGCCTCGTCGGCGGCGATGCTGATCTCGGCCATCGAGGTGACCACCGCGGCGGGGCGA
     I  G  L  N  I  S  V  Y  G  V  G  S  L  V  G  A  M  L  I  S  A  I  E  V  T  T  A  A  G  R

1351 GCCGGCGGATGGCCATGGATGGTTCTCGGACGATCCCCGGGAGGCACGCTGGATAGCTACTACTGGTCTCTTGGCGCTCCTTGA
     A  G  D  G  H  G  W  F  S  D  D  P  R  E  A  R  L  D  S  Y  Y  W  S  L  G  A  P  *
```

图 4-2 草地早熟禾 *NPF*5.8 编码的氨基酸序列

注:深灰色区为起始密码子,浅灰色区为终止密码子。

4.3.2 草地早熟禾 *NPF*5.8 基因的生物信息学分析

利用 ProtParam 对草地早熟禾 *NPF*5.8 编码的氨基酸序列进行理化性质分

析,见表 4 – 3。结果显示:NPF5.8 蛋白分子量为 51.80 kDa,等电点(pI)为 4.90,蛋白质分子式为 $C_{2345}H_{3665}N_{593}O_{679}S_{24}$,为稳定蛋白。*NPF*5.8 编码的氨基酸组成见表 4 – 3,其中含量较高的是 Leu,占 10.5%。其中,表面带负电荷的氨基酸残基(Asp + Glu)有 44 个,带正电荷的氨基酸残基(Arg + Lys)有 30 个,平均亲水系数为 0.609。

表4 – 3 草地早熟禾 NPF5.8 蛋白的氨基酸组成

氨基酸	比例	氨基酸	比例	氨基酸	比例	氨基酸	比例
丙氨酸 Ala (A)	8.4%	谷氨酰胺 Gln(Q)	4.2%	亮氨酸 Leu (L)	10.5%	丝氨酸 Ser (S)	8.8%
精氨酸 Arg (R)	3.4%	谷氨酸 Glu (E)	3.1%	赖氨酸 Lys (K)	2.9%	苏氨酸 Thr (T)	5.7%
天冬酰胺 Asn(N)	1.9%	甘氨酸 Gly (G)	8.6%	甲硫氨酸 Met(M)	4.0%	色氨酸 Trp (W)	2.3%
天冬氨酸 Asp(D)	6.1%	组氨酸 His (H)	1.5%	苯丙氨酸 Phe(F)	4.0%	酪氨酸 Tyr (Y)	3.1%
半胱氨酸 Cys(C)	1.0%	异亮氨酸 Ile(I)	6.9%	脯氨酸 Pro (P)	4.4%	缬氨酸 Val (V)	9.2%

TMHMM Server v. 2.0 序列分析发现,草地早熟禾 NPF5.8 具有 8 个跨膜区,主要分布在第 15 ~ 443 个氨基酸残基间,见图 4 – 3。利用 SignalP 4.1 Server 进行信号肽预测分析,结果表明:草地早熟禾 *NPF*5.8 编码的氨基酸的平均信号肽值为 0.477,未超过阈值 0.5,推断出该蛋白没有信号肽(图 4 – 4)。利用 Expasy – ProtScale 软件在线分析草地早熟禾 NPF5.8 蛋白属于亲水蛋白(图 4 – 5)。

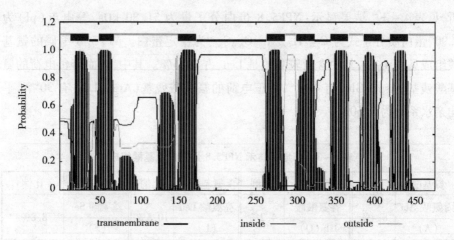

图 4 - 3　草地早熟禾 NPF5.8 蛋白跨膜区预测分析

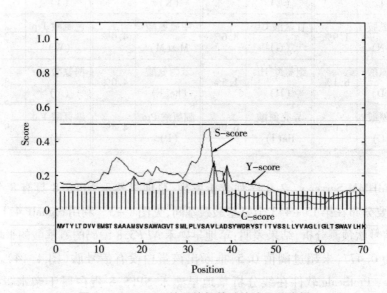

图 4 - 4　*NPF*5.8 编码的氨基酸的信号肽分析

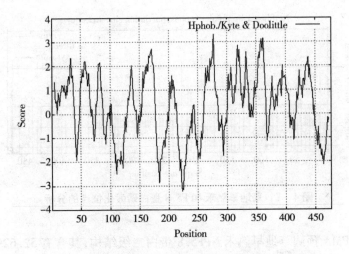

图 4 - 5　NPF5.8 蛋白的亲水性分析

　　草地早熟禾 NPF5.8 蛋白序列共 3 个 N - 糖基化位点,分别位于第 92、142 和 424 个氨基酸处,如图 4 - 6 所示。草地早熟禾 NPF5.8 蛋白序列潜在的磷酸化位点,包括 serine(24 个),threonine(11 个),tyrosine(7 个),见图 4 - 7。

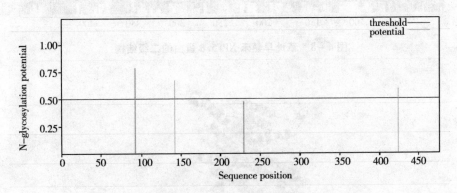

图 4 - 6　草地早熟禾 *NPF*5.8 氨基酸糖基化位点的预测

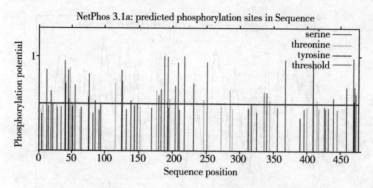

图4-7 草地早熟禾 NPF5.8 蛋白磷酸化位点的分析

经 SOPMA 预测草地早熟禾 NPF5.8 蛋白二级结构,其含有 52.62% 的 α-螺旋、31.03% 的不规则卷曲、12.37% 的延伸链和 3.98% 的 β-转角(图4-8)。进一步利用 SWISS-MODEL 在线软件对 *NPF*5.8 基因编码的蛋白质的三级结构进行建模(图4-9),发现其与二级结构的预测结果一致。

——延伸链 ——α-螺旋——不规则卷曲——β-转角

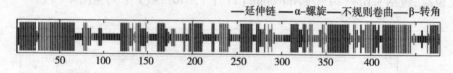

图4-8 草地早熟禾 NPF5.8 蛋白的二级结构

图4-9 草地早熟禾 NPF5.8 蛋白的三级结构

NCBI 网站的 CDD 分析表明,草地早熟禾 *NPF*5.8 编码的氨基酸含有 1 个 MFS 结构域,属于 *MFS* 超家族(图 4 – 10)。

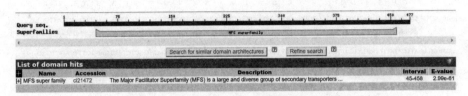

图 4 – 10　草地早熟禾 *NPF*5.8 编码的氨基酸的功能结构域

4.3.3　草地早熟禾 *NPF*8.3 基因的克隆

本书研究以反转录获得的 cDNA 为模板,利用特异性引物进行 PCR 扩增,得到草地早熟禾 *NPF*8.3 基因的条带,见图 4 – 11。经序列分析,发现草地早熟禾 *NPF* 8.3 基因共 2274 bp,编码了 419 个氨基酸(图 4 – 12)。

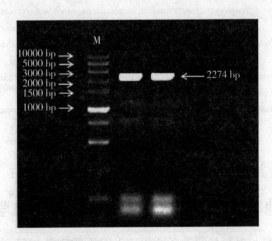

图 4 – 11　草地早熟禾 *NPF*8.3 基因的电泳图

1 ATGCCTCTGCAGGATCATGTGCAATGTACTGGCGATGGATCTGTTGATTTCAGTGGAGCCCCAGCGTCGAGAGAGGATTCGGGGAAATGG

  M P L Q D H V Q C T G D G S V D F S G A P A S R E D S G K W

91 AGAGCCTGCTGCTCAATTCTTGGTGGTGAATTTGCGGCGCTCTCGCGTACTATGCCGTTGGGACGAATCTGGTGAGTTATCTGACCAAG

  R A C C S I L G G E F C G A L A Y Y A V G T N L V S Y L T K

181 GTGAAACACCAGAGCAACGTTGAGGCGGCGAGCCGCATCATTTCCTGGCAGGGCACCTGTTACCTAGCTTCTCCACTAGGAGCATTCCTA

  V K H Q S N V E A A S R I I S W Q G T C Y L A S P L G A F L

271 GCAGATTCATATTGGGGAAGACACCGGAACATAGTATCCCTCACCATCTTCACACTGGGAATGGCTCTACTGACACTTTCAGCTGAG

  A D S Y W G R H R T I I V S L T I F T L G M A L L T L S A E

361 GCTCCAGAAAGTATCAGCTCATTGGTGATCTCTCCTCAGGGTGCCCTGTGCTCGCTAGGCCTTTACATGGCTGCTCTGGGTTTGGGTGGC

  A P E S I S S L V I S P Q G A L C S L G L Y M A A L G L G G

451 ATCTGGCCTTGCGTTCCACGTTCGGAGCCGACCAATTCGACGATACCGACGTTGCGGAGAAGGCCCAGAAGGAGCTTTACTACAACTGG

  I W P C V P T F G A D Q F D D T D V A E K A Q K E L Y Y N W

541 TACTACTTTGCAGTCAATGGAGGCTTCTTCTTCGCTAGCACGATGATGGTGTGGATCCAGGACAACTGCGGCTGGGCACTCGGTTTTGGG

  Y Y F A V N G G F F F A S T M M V W I Q D N C G W A L G F G

631 ATCCCTACATTTGTTTTGGCAGTCGGCATTGCCGGATTTCTCTCCAGCACAAAAGTTTACAGGTACCAAAAGCTTGGAGGAAGCGCGCTC

  I P T F V L A V G I A G F L S S T K V Y R Y Q K L G G S A L

721 ACAAGGACTTGCCAGGTAGCAGTTGCAGCGATTCGGAAGCGTCATGTGGATGTGCCAGTTGATAGCCTACTTCTGCATGAGACTCCACAG

  T R T C Q V A V A A I R K R H V D V P V D S L L L H E T P Q

811 AAGGAGTCAGCCATTGCAGGCAACCGGAAGGTGATGCACACTGCAGGACTAACGTATCTTGACCGAGCTGCCATCGTGACCACCTGCGAT

  K E S A I A G N R K V M H T A G L T Y L D R A A I V T T C D

901 AAAACATCTGGGGACTTACTGAACCCCTGGAGGCTTTGTACCGTTACACAAGTGGAGGAGCTGAAGATTCTAGTGAGAACGATGCCGGTC

  K T S G D L L N P W R L C T V T Q V E E L K I L V R T M P V

991 CTGGCCAACAGCCATAATCTTCAACGCCGCCGAAGCTTCGTTTCCGCTGTTCGTGGAACAAGGAACGGTAATGGACAACCGCGTCGACGGC

  L A T A I I F N T A E A S F P L F V E Q G T V M D N R V D G

1081 TTCTCAGTGCCTCCCGCCTCCCTAATGACAATCAACTGCGTCTGCATCCTTATGCTGGCACCGGCATACAACAAGTTCCTCATGCCAATT

  F S V P P A S L M T I N C V C I L M L A P A Y N K F L M P I

1171 GCGAGCAGGATCACGGGCATGAAGCGCGGGCTCTCTGAGCTGCATCGCATCGGCGTCGGCTATCACCTCGGGATCTGGCTGTTCCGATGA

  A S R I T G M K R G L S E L H R I G V G Y H L G I W L F R *

图 4 - 12　草地早熟禾 *NPF*8.3 编码的氨基酸

注:深灰色区为起始密码子,浅灰色区为终止密码子。

4.3.4　草地早熟禾 *NPF*8.3 基因的生物信息学分析

利用 ProtParam 对草地早熟禾 *NPF*8.3 编码的氨基酸序列进行理化性质分析。结果显示:NPF8.3 蛋白分子量为 45.51 kDa,等电点(pI)为 7.50,蛋白质分子式为 $C_{2056}H_{3204}N_{536}O_{580}S_{25}$,其为稳定蛋白。*NPF*8.3 编码氨基酸组成见表 4-4,其中含量较高的是 Leu,占 10.7%。其中,表面带负电荷的氨基酸残基(Asp + Glu)有 31 个,带正电荷的氨基酸残基有(Arg + Lys)32 个,平均亲水系数为 0.310。

表 4 - 4　草地早熟禾 NPF8.3 蛋白的氨基酸组成

氨基酸	比例	氨基酸	比例	氨基酸	比例	氨基酸	比例
丙氨酸 Ala (A)	10.0%	谷氨酰胺 Gln(Q)	3.1%	亮氨酸 Leu (L)	10.7%	丝氨酸 Ser (S)	7.2%
精氨酸 Arg (R)	4.3%	谷氨酸 Glu (E)	3.3%	赖氨酸 Lys (K)	3.5%	苏氨酸 Thr (T)	6.9%
天冬酰胺 Asn(N)	2.6%	甘氨酸 Gly (G)	8.8%	甲硫氨酸 Met(M)	2.9%	色氨酸 Trp (W)	2.1%
天冬氨酸 Asp(D)	4.1%	组氨酸 His (H)	1.9%	苯丙氨酸 Phe(F)	4.5%	酪氨酸 Tyr (Y)	3.6%
半胱氨酸 Cys(C)	3.1%	异亮氨酸 Ile(I)	5.7%	脯氨酸 Pro (P)	4.1%	缬氨酸 Val (V)	7.6%

　　TMHMM Server v. 2.0 序列分析发现, 草地早熟禾 NPF8.3 蛋白具有 8 个跨膜区, 主要分布在第 36 ~ 387 个氨基酸残基间, 见图 4 - 13。利用 SignalP 4.1 Server 进行信号肽预测分析, 结果表明: 草地早熟禾 NPF8.3 蛋白的平均信号肽的最大值为 0.105, 未超过阈值 0.5, 推断出该蛋白没有信号肽(图 4 - 14)。利用 Expasy - ProtScale 软件在线分析草地早熟禾 NPF8.3 蛋白属于亲水蛋白(图 4 - 15)。

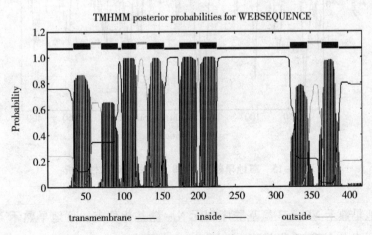

图 4 - 13　草地早熟禾 NPF8.3 蛋白跨膜区预测分析

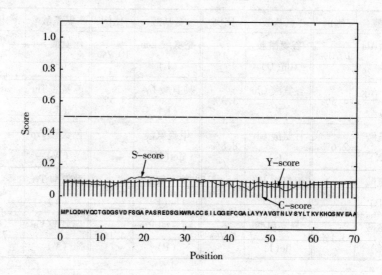

图 4 – 14　草地早熟禾 NPF8.3 蛋白的信号肽分析

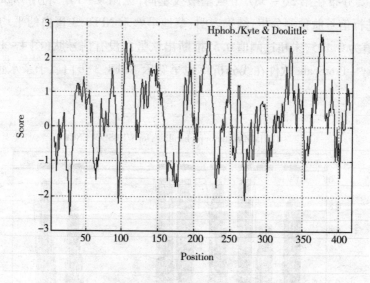

图 4 – 15　草地早熟禾 NPF8.3 蛋白的亲水性分析

　　草地早熟禾 NPF8.3 氨基酸序列无 N – 糖基化位点。草地早熟禾 NPF8.3 蛋白序列潜在的磷酸化位点，包括 serine（17 个），threonine（10 个），tyrosine

（4 个），见图 4 - 16。

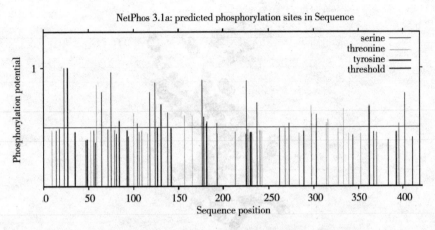

图 4 - 16　草地早熟禾 NPF8.3 蛋白磷酸化位点的分析

　　经 SOPMA 预测草地早熟禾 NPF8.3 蛋白二级结构，其含有 43.20% 的 α - 螺旋、35.80% 的不规则卷曲、16.94% 的延伸链和 4.06% 的 β - 转角（图 4 - 17）。进一步利用 SWISS - MODEL 在线软件对草地早熟禾 NPF8.3 蛋白的三级结构进行建模（图 4 - 18），发现其与二级结构的预测结果一致。

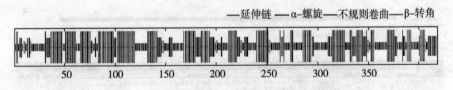

图 4 - 17　草地早熟禾 NPF8.3 蛋白的二级结构

图 4 - 18　草地早熟禾 NPF8.3 蛋白的三级结构

通过 NCBI 网站的 CDD 分析表明,草地早熟禾 *NPF*8.3 编码的氨基酸含有 1 个 MFS 结构域和 1 个 putative sialic acid transporter 结构域,属于 MFS 超家族和 PRK03893 超家族(图 4 - 19)。

Query seq. Superfamilies					
PRK03893 superfamily		MFS superfamily			

Search for similar domain architectures　⁇　Refine search　⁇

List of domain hits

Name	Accession	Description	Interval	E-value
[+] MFS super family	cl21472	The Major Facilitator Superfamily (MFS) is a large and diverse group of secondary transporters ...	99-415	2.65e-59
[+] PRK03893 super family	cl26864	putative sialic acid transporter; Provisional	29-147	8.88e-03

图 4 - 19　草地早熟禾 NPF8.3 功能结构域

4.3.5　*NPF* 家族基因的同源进化关系

通过 GeneBank 查找已经公布的不同物种 *NPF* 家族基因,由于 *NPF* 家族基因过多,所以本书研究选取部分具有完整 ORF 的 *NPF* 家族基因进行汇总,结果见附表 3。利用 MEGA 7.0 及 MEME 进行氨基酸比对,进一步了解不同物种中

NPF 家族基因的同源进化关系,见图 4 - 20。

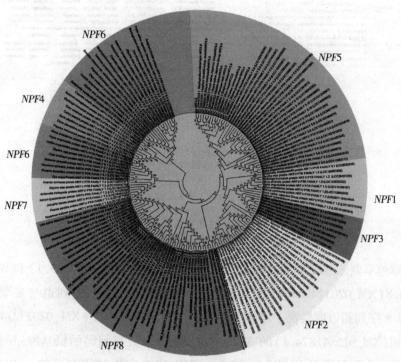

（a）不同物种*NPF*家族基因

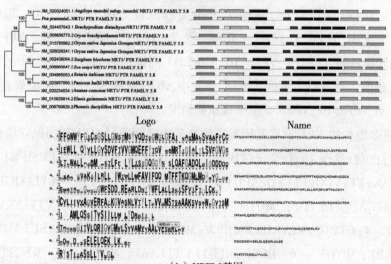

（b）*NPF5.8*基因

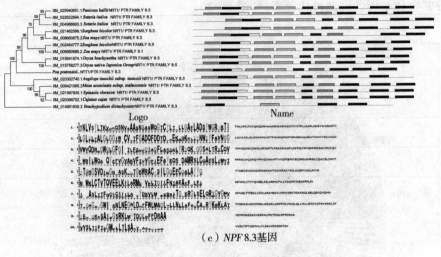

（c）*NPF* 8.3基因

图4－20　同源进化关系分析

草地早熟禾 *NPF*5.8 与二穗短柄草 *NPF*5.8（XM_024457643.1）和节节麦 *NPF*5.8（XM_020324051.1）同源性最高；其编码的氨基酸序列也与多个物种 *NPF*5.8 序列相似度较高。草地早熟禾 *NPF*8.3 与节节麦（XM_020332740.1）和水稻（XM_015841874.1）的 *NPF*8.3 同源性最高，其编码的氨基酸序列与水稻 *NPF*8.5 相似度较高（图4－20）。植物 *NPF* 家族基因共分成 8 个小类，*NPF*1～*NPF*8，除了 *NPF*6，其他 7 个小类都独自分成一支［图4－20（a）］。*NPF*6 分支中，*NPF*6.3、*NPF*6.4 分为一支，与 *NPF*6.1 同源性较低。*NPF*2 分支中，相同物种的 *NPF*2.9、*NPF*2.10、*NPF*2.11 同源性较高，*NPF*8 的进化关系与 *NPF*2 相似。与 *NPF*2 不同，*NPF*5 分支中，不同物种的 *NPF*5.8 汇聚在一起，*NPF*5.9、*NPF*5.10、*NPF*5.6 也呈现相似情况。

将多物种的 *NPF* 家族基因编码的氨基酸序列通过 MEME 的保守结构域预测进行比对，发现 15 个保守结构域序列。分别为 MOTIF－1：PMSIFWLVPQY-FLIGIAEVFTVVGQLEFFYDZAPDAM RSLG；MOTIF－2：GLYLIAJGTGGIK-PCVSAFGADQFDETDP；MOTIF－3：EFCERAYYGIA TNLVTYLTKVLHM；MOTIF－4：CTVTQVEEVKILLRMJPIW；MOTIF－5：LQRMGIGLFLSI LAMVVAA-JVETKRL；MOTIF－6：BLNKGRLDYFYWLLAAL；MOTIF－7：WSGTTYLLPL LGAFLADS；MOTIF－8：RYQKPGGSPLTRIAQVLVAA；MOTIF－9：YVQDNVG-

WGLGFGIP;MOTIF－10:FFNWFYFSINIGSLVAVTVJV;MOTIF－11:PJYDRVJV-
PLARRITGKPRGJ;MOTIF－12:AQMSTFFVKQGMTMDRRJGSF;MOTIF－13:
KLPHTDQFRFLDKAA;MOTIF－14:GRYWTIAIFSIIYFLGLVLLT;MOTIF－15:
ALYLSTFGLGSYLSSLLVTIV。

4.4　草地早熟禾 *NPF*5.8 和 *NPF*8.3 基因在组织及水氮胁迫中的表达分析

4.4.1　*NPF*5.8 基因在不同组织及水氮胁迫中的表达分析

　　qRT－PCR 结果显示,草地早熟禾 *NPF*5.8 基因在不同组织部位中表达差异显著,如图 4－21(a)所示,相对表达量的高低依次为:叶部 > 根部 > 茎部。由图 4－21(b)可知,$NaNO_3$ 处理后草地早熟禾 *NPF*5.8 基因相对表达量最高,其次是(NH_4)$_2SO_4$ 和 NH_4NO_3 处理,NH_4NO_3 组的相对表达量仅为 $NaNO_3$ 组的57.42%。由图 4－21(c)可知,$NaNO_3$ 浓度不同,*NPF*5.8 基因相对表达量变化显著,高浓度 NO_3^- 利于其表达,15 mmol·L^{-1} 时为最高值,无氮时该基因相对表达量仅为 15 mmol·L^{-1} 时的 29.9%。结果表明:硝态氮利于 *NPF*5.8 基因的表达,铵态氮抑制 *NPF*5.8 基因表达,而且高浓度的硝态氮处理更利于 *NPF*5.8 基因表达。

　　由图 4－21(d)可知,干旱胁迫显著影响 *NPF*5.8 基因的表达水平。轻度干旱(5% PEG 6000)处理的样本中,*NPF*5.8 基因的表达水平随着干旱时间呈现先降低后升高的趋势,2 h 为最低值。中度及高度干旱(10% PEG 6000,15%PEG 6000,20% PEG 6000)处理中 *NPF*5.8 基因的表达水平呈现持续降低的趋势,16 h 为最低值,为 0 h 的 35.75%。结果表明:*NPF*5.8 基因随着干旱程度的增加,其相对表达量降低。对氮素处理组与水氮互作处理组的 *NPF*5.8 基因表达水平进行比对,如图 4－21(e)所示。水氮互作处理与单一氮素处理相比,高氮干旱的处理更利于 *NPF*5.8 基因的表达,是高氮处理的 1.77 倍,低氮与低氮干旱处理间相对表达量无显著差异。

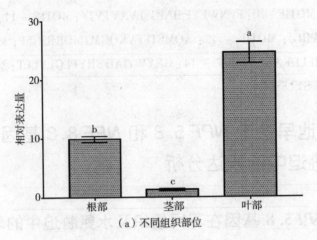

（a）不同组织部位

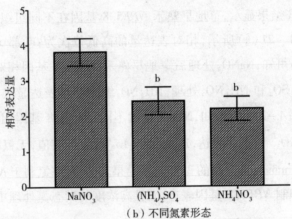

（b）不同氮素形态

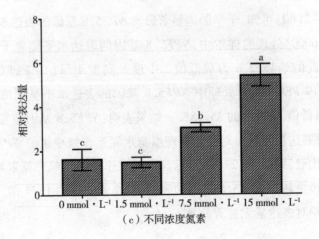

（c）不同浓度氮素

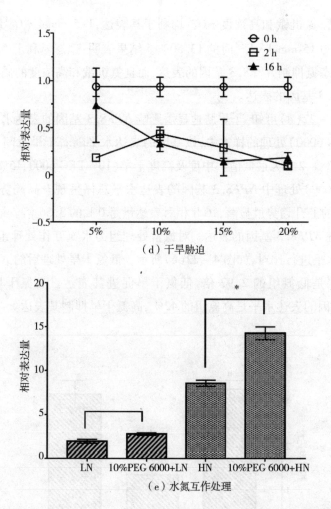

（d）干旱胁迫

（e）水氮互作处理

图 4 - 21　草地早熟禾 *NPF*5.8 基因在不同组织及水氮互作处理中的表达分析（$p < 0.05$）

4.4.2 *NPF*8.3 基因在不同组织及水氮胁迫中的表达分析

　　qRT – PCR 结果显示，草地早熟禾 *NPF*8.3 基因在不同组织部位中表达差异显著，如图 4 – 22（a）所示，相对表达量的高低依次为：根部 > 叶部 > 茎部。由图 4 – 22（b）可知，NaNO$_3$ 处理后草地早熟禾 *NPF*8.3 基因相对表达量最高，其次是 NH$_4$NO$_3$ 和（NH$_4$）$_2$SO$_4$ 处理，（NH$_4$）$_2$SO$_4$ 组的相对表达量仅为 NaNO$_3$ 组的 30.14% 。由图 4 – 22（c）可知，NaNO$_3$ 浓度不同，*NPF*8.3 基因相对表达量变化差异显著,氮饥饿和高浓度 NO_3^- 均利于其表达,1.5 mmol·L^{-1} 时相对表达量最低,仅为 15 mmol·L^{-1} 时的 13.50%。结果表明:硝态氮利于 *NPF*8.3 基因的表达,铵态氮抑制 *NPF*8.3 基因的表达,而且氮饥饿和高浓度的硝态氮处理均利于 *NPF*8.3 基因的表达。

由图 4 –22(d)可知,干旱胁迫显著影响 *NPF*8.3 基因的表达水平。轻度干旱(5% PEG 6000)处理的样本中,该基因的表达水平随着干旱时间呈现先降低后升高的趋势,2 h 为最低值。中度及高度干旱(10% PEG 6000,15% PEG 6000,20% PEG 6000)处理中 *NPF*8.3 基因的表达水平总体呈现升高趋势,其中 10% PEG 6000 的上升趋势最显著,16 h 相对表达量是 0 h 的 3.56 倍。结果表明:干旱胁迫促进 *NPF*8.3 基因的表达。对氮素处理组与水氮互作处理组的 *NPF*8.3 基因表达水平进行比对,如图 4 –22(e)所示。低氮干旱处理后的 *NPF*8.3 基因的表达水平是低氮组的 2.97 倍,低氮干旱促进其表达。高氮干旱处理后的 *NPF*8.3 基因的表达水平是高氮组的 42%,高氮干旱抑制其表达。

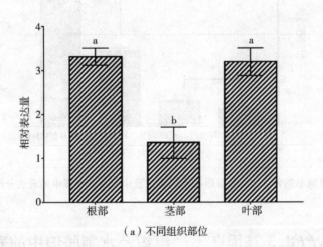

(a) 不同组织部位

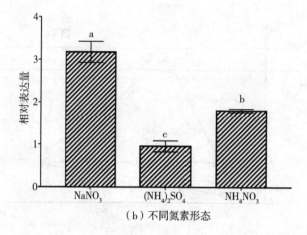

（b）不同氮素形态

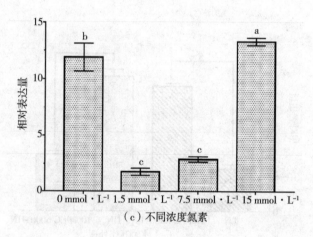

（c）不同浓度氮素

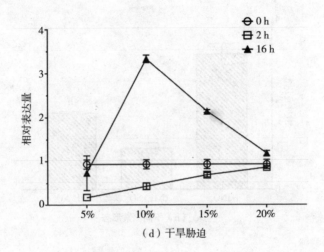

（d）干旱胁迫

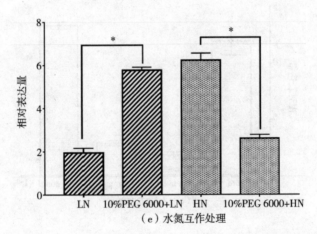

（e）水氮互作处理

图 4-22 草地早熟禾 *NPF*8.3 基因在不同组织及水氮互作处理中的表达分析（$p < 0.05$）

第5章　水氮处理对草地早熟禾胚性愈伤组织的影响

5.1　外植体的制备和愈伤组织的诱导

试验材料选取草地早熟禾"午夜2号"（Midnight Ⅱ），利用种子作为外植体，接种到 MS + 0.3 mg · L^{-1} 2,4 – D + 30 g · L^{-1} 蔗糖 + 7.0 g · L^{-1} 琼脂培养基中，每20 d 增殖1次，每次增殖去掉水渍化和褐化的愈伤组织，增殖培养3次之后，选择较好的愈伤组织（疏松、生长快速且均匀）接种于标记为 HN（正常 MS 培养基）、HN + PEG（含有 5% PEG 6000 的 MS 培养基）、LN（氮浓度为 1.5 mmol · L^{-1} 的 MS 培养基）、LN + PEG（含有 5% PEG 6000、氮浓度为 1.5 mmol · L^{-1} 的 MS 培养基）的四组培养基中，每个培养皿中接种10块愈伤组织，每个处理重复5次，愈伤组织在培养20 d、40 d、60 d 时取样，用液氮迅速冷冻，然后放到 – 80 ℃ 冰箱中保存备用。

5.2　水氮诱导下愈伤组织生物量的测定

愈伤组织生物量以相对生长速率来计算，愈伤组织相对生长速率 = （处理组的愈伤组织质量 – 未处理前的愈伤组织质量）/未处理前的愈伤组织质量 × 100%。每组处理测量4个培养皿中的愈伤组织，对所有数据利用 SPSS 22.0 软件进行单因素方差分析。

5.3　水氮诱导下愈伤组织内源激素含量的测定

植物内源激素的测定采用酶联免疫吸附测定法（ELISA），试剂盒由中国农业大学作物化控研究中心提供,分别检测赤霉素(GA3)、吲哚乙酸(IAA)、玉米素核苷(ZR)及脱落酸(ABA)的含量,植物激素提取测定方法参照试剂盒附带操作说明书进行,3 次生物学重复,对所有数据利用 SPSS 22.0 软件分析。

5.4 胚性愈伤组织中 *NRT* 家族基因在水氮处理中的表达分析

本书研究利用 qRT – PCR 方法检测水氮处理中胚性愈伤组织的 *NRT*2.1、*NRT*2.4、*NPF*5.8、*NPF*8.3 基因表达水平,qRT – PCR 引物的选择见前文,采用相对定量法进行数据处理。qRT – PCR 相对定量分析中,选择适合的内参基因进行校正,是确保试验数据准确性的关键因素。利用 LightCycler480 实时荧光定量 PCR 仪进行内参基因的 qRT – PCR 试验,反应体系为 20 μL:2 × SYBR Green qPCR Master Mix 10 μL、内参基因的正反向引物各 0.4 μL (10 μmol · L^{-1})、cDNA 模板 1 μL、RNase – Free ddH$_2$O 8.2 μL。qRT – PCR 条件为:95 ℃预变性 30 s;95 ℃ 5 s,60 ℃ 30 s,共 45 个循环。每个样品进行 3 次生物学重复和 4 次技术重复,用 2$^{-\Delta\Delta Ct}$ 法进行相对表达量分析。利用几种常用的内参基因稳定性分析软件 BestKeeper、NormFinder 和 GeNorm 分析内参基因的稳定性,综合分析筛选愈伤组织在水氮互作调控下的内参基因。将筛选得到的最优内参基因 *GADPH* 作为本书研究测定水氮互作处理对胚性愈伤组织中 *NRT* 家族基因的表达水平影响的内参基因,利用 2$^{-\Delta\Delta Ct}$ 方法计算水氮互作调控下 *NRT* 家族基因的相对表达量。

5.5 水氮处理对草地早熟禾胚性愈伤组织的影响

植物常用农杆菌介导遗传转化技术进一步验证基因功能,建立高效的组织培养转化系统是必要过程。MS 培养基是常用的植物组织遗传转化的培养基质,氮素是 MS 培养基中重要的组成元素。本书研究以草地早熟禾"Midnight Ⅱ"的胚性愈伤组织为材料,研究不同水氮处理对胚性愈伤组织生长及 *NRT* 家族基因表达水平的影响,初步了解 *NRT* 家族基因在不同水氮处理的 MS 培养基中的表达调控过程,对后续提升草地早熟禾遗传转化过程的氮素利

用率有一定作用,构建高效的草地早熟禾遗传转化体系,也为筛选草地早熟禾
耐氮耐旱的突变体奠定基础。

正常 MS 培养基属于高氮培养环境,本书研究设置 4 种不同水氮处理的 MS
培养基,包括正常 MS 培养基(HN)、干旱组 MS 培养基(HN + PEG)、低氮 MS 培
养基(1.5 mmol·L⁻¹ 氮浓度,LN)、干旱低氮的 MS 培养基(LN + PEG),测定其
胚性愈伤组织相对生长速率、植物激素含量、*NRT* 家族基因的表达水平,观察水
氮处理对胚性愈伤组织的作用。

5.5.1　水氮互作下胚性愈伤组织的相对生长速率

由图 5 - 1 可以看出,氮素、干旱处理对草地早熟禾胚性愈伤组织生长状况
的影响存在较大的差异。当处理 40 d、60 d 时,对 LN + PEG 组胚性愈伤组织的
生长有显著促进作用($p < 0.05$),高于其他 3 个处理。60 d 时 LN + PEG 组的相
对生长速率为 40 d 时的 2.84 倍,是 20 d 时的 15.09 倍。结果表明:低氮且干旱
的环境更有利于草地早熟禾"Midnight Ⅱ"的胚性愈伤组织的生长。

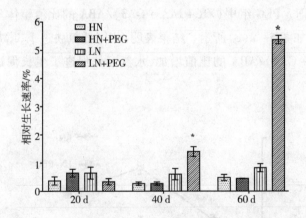

图 5 - 1　水氮互作下草地早熟禾胚性愈伤组织的相对生长率

5.5.2　水氮互作下胚性愈伤组织中内源激素含量的动态
变化

为了进一步明确低氮、干旱对草地早熟禾胚性愈伤组织的内源激素含量的

影响,本书研究测定了 LN 与 LN + PEG 两组胚性愈伤组织中 ABA、GA3、ZR、IAA 含量,分析单一低氮与水氮互作诱导对内源激素含量影响的差异,分析不同时间段内的内源激素变化趋势。

研究发现,在 LN 与 LN + PEG 组中,干旱期间的 ABA 含量呈现先上升后降低的趋势,三个阶段中 LN + PEG 组 ABA 含量高于 LN,如图 5 - 2(a)所示,与单一低氮处理相比,水氮互作更有利于 ABA 含量的增加。LN 组的 GA3、ZR、IAA 含量随干旱天数增加均呈现先平稳后降低的趋势,这与 LN + PEG 组差异显著。LN + PEG 组中 GA3、ZR、IAA 含量呈先下降后上升的趋势,干旱 40 d 时 GA3、ZR、IAA 含量均处于最低值,60 d 时 GA3、ZR、IAA 含量迅速提升,持续的水氮互作处理有利于 GA3、ZR、IAA 的合成,如图 5 - 2 所示。不同植物激素对植物生理活动的影响既相互制约又相互促进。细胞分裂素、赤霉素和生长素作为生长促进类激素,充足的氮素可以促进它们的积累,脱落酸作为生长抑制类激素,启动和促进植株的衰老进程。综合四种内源激素的含量,LN、LN + PEG 处理组诱导的胚性愈伤组织内源激素含量(ZR + IAA + GA3)/ABA 的比值为 0.40 ~ 1.18,波动幅度较大,如图 5 - 2(e)所示。LN 组则是随着诱导时间的增加,比值降低,LN + PEG 组中(ZR + IAA + GA3)/ABA 的比值整体呈现先降低后升高的趋势,如图 5 - 2(e)所示。结果表明:相同低氮胁迫下,增加干旱胁迫后,(ZR + IAA + GA3)/ABA 的比值增加,水氮互作促进了生长促进类激素的积累。

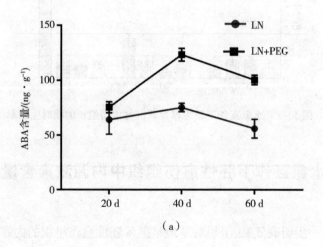

(a)

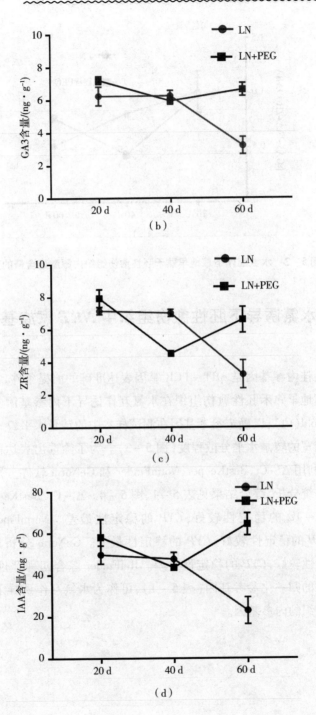

（b）

（c）

（d）

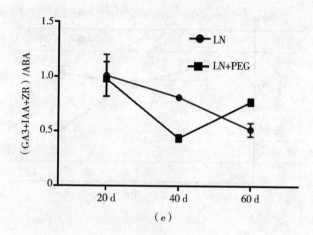

图 5 - 2　水氮互作下草地早熟禾胚性愈伤组织内源激素含量的变化

5.5.3　水氮诱导下胚性愈伤组织中 *NRT* 家族基因的表达变化

选择最佳内参基因是 qRT - PCR 基因表达准确的前提条件,本书研究首次系统评价草地早熟禾胚性愈伤组织在水氮互作诱导下内参基因的筛选。计算cycle threshold(Ct),以确定参考基因在测试样本中的转录水平,7 个参考基因表现出相对较宽的转录水平分散程度(图 5 - 3)。为了筛选出表达稳定的内参基因,本研究利用 Δ - Ct、BestKeeper、NormFinder 和 GeNorm 软件分别对 7 个内参基因进行系统分析,综合结果见表 5 - 1、图 5 - 4。Δ - Ct、BestKeeper 分析表明*GADPH*、*EF - 1a* 的稳定性较好,*CYP* 的稳定性最差。NormFinder 分析得出*UBQ*、*GADPH* 的稳定性较好,*CYP* 的稳定性最差。GeNorm 分析得出 *GADPH*、*Actin* 的稳定性较好,*CYP* 的稳定性最差。RefFinder 综合四种评价推荐 *GADPH*基因是理想的归一化参考基因(表 5 - 1),可作为水氮互作诱导下草地早熟禾胚性愈伤组织的内参基因。

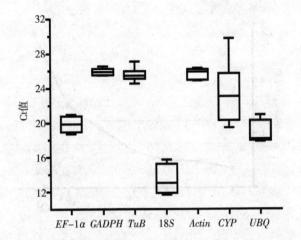

图 5 - 3 所有草地早熟禾样本中每个参考基因的 Ct 值

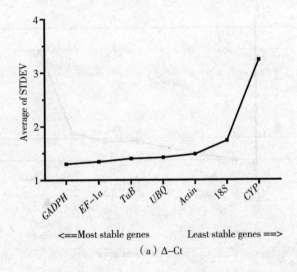

（a）Δ-Ct

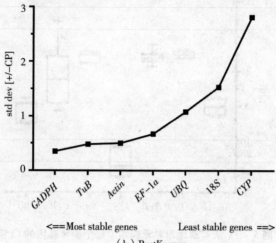

<==Most stable genes　　　　Least stable genes ==>

（b）BestKeeper

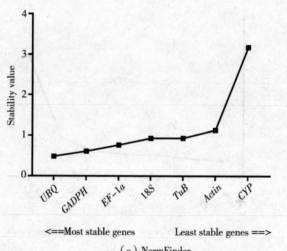

<==Most stable genes　　　　Least stable genes ==>

（c）NormFinder

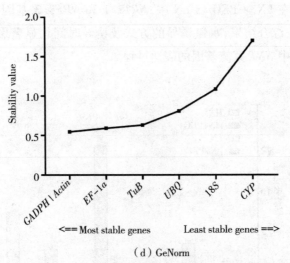

（d）GeNorm

图 5 - 4　内参基因表达水平稳定性的排序

表 5 - 1　内参基因的稳定性排序

方法	稳定性（高→低）						
	1	2	3	4	5	6	7
Δ - Ct	GADPH	EF - 1a	TuB	UBQ	Actin	18S	CYP
BestKeeper	GADPH	TuB	Actin	EF - 1a	UBQ	18S	CYP
NormFinder	UBQ	GADPH	EF - 1a	18S	TuB	Actin	CYP
GeNorm	GADPH \Actin		EF - 1a	TuB	UBQ	18S	CYP
Recommended comprehensive ranking	GADPH	EF - 1a	Actin	UBQ	TuB	18S	CYP

　　qRT - PCR 结果显示,HN、HN + PEG、LN 和 LN + PEG 诱导下,不同时期内胚性愈伤组织中 4 个 NRT 家族基因的表达差异显著。在 LN vs HN 中,不同氮素浓度诱导中,低氮环境促进 NRT2.1 和 NRT2.4 的表达,高氮环境促进 NPF5.8和NPF8.3 的表达,如图 5 - 5 所示。在 HN + PEG vs HN 诱导 0~40 d 期间,NPF5.8 和 NPF8.3 呈上调表达,随着时间的增加,NPF5.8 和 NPF8.3 呈下

调表达趋势。在 LN ＋PEG vs LN 中，*NRT*2.1 和 *NPF*8.3 基因上调表达，*NPF*5.8下调表达。综合结果，水氮诱导的方式及诱导时间均显著影响草地早熟禾胚性愈伤组织中 *NRT* 家族基因的表达过程。

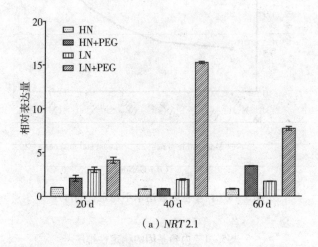

（a）*NRT*2.1

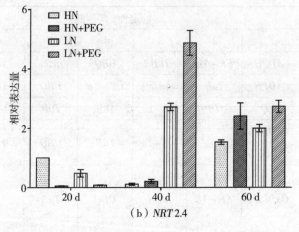

（b）*NRT*2.4

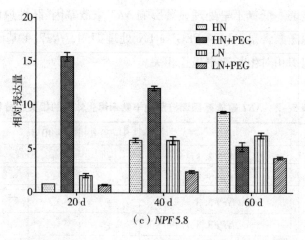

（c）*NPF* 5.8

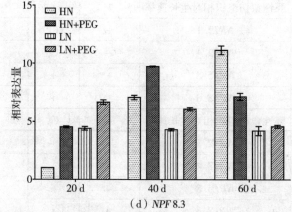

（d）*NPF* 8.3

图 5 – 5　水氮互作对 *NRT* 家族基因表达水平的影响

本书研究将 *NRT* 家族基因表达水平与草地早熟禾胚性愈伤组织的相对生长量和内源激素含量进行相关性分析,见表 5 – 2。结果发现,不同氮素浓度(LN vs HN)诱导愈伤组织期间(0~60 d),*NRT*2.1 基因的表达趋势与胚性愈伤组织相对生长速率呈正相关,而 *NRT*2.4 在诱导初期(0~20 d)呈现负相关,其余时期(20~60 d)呈正相关,*NPF*8.3 与其相反,诱导初期呈正相关,后期呈负相关状态。当高氮环境时,增加干旱诱导,显著影响 *NRT* 家族基因和胚性愈伤组织相对生长速率。HN + PEG 诱导初期(0~20 d),*NRT*2.1、*NPF*5.8、*NPF*8.3 基因的表达趋势与胚性愈伤组织相对生长速率呈正相关;20~60 d 期间,在 HN + PEG vs HN 中胚性愈伤组织相对生长速率无显著变化,但是 *NRT* 家族基因差异表达显著。低氮干旱处理显著影响 *NRT* 家族基因、胚性愈伤组织相对生长速率和内源激素含量。LN + PEG vs LN 处理期间，*NRT*2.4 基因的表达趋势与胚性愈伤组织相对生长速率呈正相关。

表 5 - 2　*NRT* 家族基因调控草地早熟禾再生体系的相关性分析

		0~20 d	20~40 d	40~60 d
LN vs HN	*NRT*2.1	+	+	+
	*NRT*2.4	-	+	+
	*NPF*5.8	+	○	-
	*NPF*8.3	+	-	
	胚性愈伤组织相对生长速率	+	+	+
HN + PEG vs HN	*NRT*2.1	+	○	+
	*NRT*2.4	-	○	+
	*NPF*5.8	+	+	-
	*NPF*8.3	+	+	-
	胚性愈伤组织相对生长速率	+	○	○
LN + PEG vs LN	*NRT*2.1	+	+	+
	*NRT*2.4	-	+	+
	*NPF*5.8	-	-	-
	*NPF*8.3	+	+	○
	胚性愈伤组织相对生长速率	-	+	+
	ABA	+	+	+
	GA3	+	○	+
	ZR	+	-	+
	IAA	+	○	+
	(GA3 + IAA + ZR)/ABA	○	-	+

注:" + "代表上调趋势," - "代表下调趋势,"○"代表无显著差异。

第6章 讨论和结论

6.1 植物 *NRT* 家族基因在不同组织中表达的特异性

植物硝酸盐转运系统主要由两个基因家族 *NRT2* 和 *NPF* 负责，*NRT2* 家族成员主要负责高亲和转运系统，以硝酸盐为底物进行吸收与转运过程。*NPF* 家族成员可装载不同的底物，如硝酸盐、激素、二肽等。现有的研究中，拟南芥、水稻的 *NRT2* 家族基因研究得较为深入。拟南芥 *AtNRT2* 家族基因在叶部的表达存在一定差异，*AtNRT2.4* 和 *AtNRT2.5* 在叶部高度表达，*AtNRT2.6* 和 *AtNRT2.7* 的相对表达量较低。二穗短柄草 *BdNRT2.3* 和 *BdNRT2.4* 基因主要在叶部表达，*BdNRT2.5* 基因主要在小穗中表达，*BdNRT2.7* 基因主要在根部和叶部中表达，而 *NRT2.6* 在不同的组织器官中表达较弱。可见，同物种的不同 *NRT* 家族基因在组织、器官中的表达水平存在差异。本书研究中发现草地早熟禾 *NRT2.4* 基因在叶部高度表达，这与 Hu 和 Wang 在拟南芥和二穗短柄草中的研究结果一致。黄瓜 *NRT2.1* 主要在根部和叶部表达，水稻 *NRT2.1* 主要在根部表达，但草地早熟禾 *NRT2.1* 在叶部高度表达，根部中较少，这与其他物种的研究结果差异较大。在本书研究中，克隆得到的 2 个草地早熟禾 *NRT2* 家族基因 *NRT2.1*、*NRT2.4* 均在叶部的表达量较高，草地早熟禾 *NRT2* 家族成员的组织特异性与二穗短柄草 *BdNRT2s* 的表达趋势相似。这可能是因为二穗短柄草和草地早熟禾均为禾本科草种，地上部生长比较致密，叶部占整体植株的比例较大，所以其 *NRT2* 家族基因在叶部高度表达，叶部中参与硝酸盐转运过程的 *NRT2* 家族基因可能起重要作用。

拟南芥 *NRT1* 家族基因 *NRT1.1*、*NRT1.4*、*NRT1.7*、*NRT1.11*、*NRT1.12* 均在

叶部表达,参与硝酸盐或葡萄糖的装载,可能在叶片吸收 NO_2 中发挥限速作用。其中,*AtNRT*1.4 和 *AtNRT*1.7 是低亲和转运蛋白,*AtNRT*1.4 主要表达于叶柄中,*AtNRT*1.7 主要表达于远端的老叶中,而在根中未检测到该基因。*NRT*1.5 介导硝酸盐从根细胞流出,再进入木质部,进行根与芽之间的硝酸盐运输。*AtNRT*1.3基因在花、茎和叶中均高度表达。*AtNPF*2.9(*AtNRT*1.9)在韧皮部硝酸盐转运中起重要作用,是一种低亲和转运蛋白,在高硝酸盐条件下,*AtNPF*2.9 突变体表现出较强的抗氧化能力,促进硝酸盐在根与茎的运输。综上可见,*NPF* 家族基因在组织部位中的表达存在一定差异,这与其功能有一定关联。在本书研究中,叶部 *NPF*5.8 的相对表达量是根部的 2.4 倍,*NPF*5.8 可能在叶部作用更显著;*NPF*8.3 在叶部与根部的相对表达量无显著差异,且相对表达量较高,说明其可能在根部和叶部均起转运作用,关于 *NPF*5.8 和 *NPF*8.3 在组织特异性表达方面的研究甚少,此部分研究结果对丰富植物尤其是草坪植物的 *NPF*5.8 和 *NPF*8.3 相关的研究奠定了良好基础。

6.2 草地早熟禾 *NRT*2 家族基因响应氮素的调控机制

植物进化出了高亲和转运系统和低亲和转运系统,涉及的基因属于三个不同的基因家族,即硝酸盐转运体/肽转运体(*NPF*)基因家族、硝酸盐转运体(*NRT*2)基因家族和硝酸盐同化(*NAR*2)基因家族。*NRT*2 家族基因最初在大麦和烟草中被确定为高亲和转运基因。随着对 *AtNRT*2 家族基因的深入研究发现,根据 *AtNRT*2 对硝酸盐供应的转录反应,将其分为三种类型:诱导型(*AtNRT*2.1、*AtNRT* 2.2 和 *AtNRT* 2.4)、转录型(*AtNRT* 2.3、*AtNRT* 2.6 和 *AtNRT* 2.7)和抑制型(*AtNRT*2.5)。*AtNRT*2.1 编码了一种高亲和转运体,它在较低的外部硝酸盐浓度下发挥作用,与 *AtNRT*2.1 相比,*AtNRT*2.2 对于高亲和转运系统作用较小,但当 *AtNRT*2.1 缺失时,*AtNRT*2.2 在高亲和转运系统中的调控作用显著增加。在本书研究中,无氮和低氮处理中 *NRT*2.1 和 *NRT*2.2 均高度表达,两者可能共同调控氮饥饿或低氮环境中的硝酸盐转运过程。但在 LN + PEG vs LN 中,草地早熟禾 *NRT*2.1 上调表达,*NRT*2.2 下调表达,*NRT*2.1 主要负责调控硝酸盐的转运。拟南芥 *AtNRT*2.1、*AtNRT*2.2、*AtNRT*2.4 和

$AtNRT2.5$ 的多个突变体生长分析表明，$AtNRT2.5$ 需要与 $AtNRT2.1$、$AtNRT2.2$ 和 $AtNRT2.4$ 共同吸收硝酸盐，从而促进缺氮环境下植物的生长。拟南芥 $AtNRT2.4$ 和 $AtNRT2.5$ 受氮饥饿诱导后表达强烈，这与本书研究结果相似，草地早熟禾 $NRT2.4$ 基因在无氮环境中高度表达，$7.5 \ mmol \cdot L^{-1} \ NO_3^-$ 诱导的相对表达量仅为无氮处理组的 15.09%，$NRT2.4$ 可能在草地早熟禾氮饥饿反应中协调转运硝酸盐方面发挥重要的作用。

水稻、黄瓜、白菜等植物中都存在 NO_3^-，可以诱导 $NRT2.1$ 的表达，但是 NO_3^- 浓度对不同植物的 $NRT2.1$ 表达水平的影响存在差异。白菜需要 $25 \ mmol \cdot L^{-1}$ 的 NO_3^- 浓度才可被诱导表达，而拟南芥 $AtNRT2.1$ 仅需 $0.2 \ mmol \cdot L^{-1} \ NO_3^-$ 浓度即可表达。黄瓜在高氮处理（$10 \ mmol \cdot L^{-1}$）中的 $CsNRT2.1$ 的相对表达量高于低氮处理（$0.5 \ mmol \cdot L^{-1}$），菊花 $CmNRT2.1$ 的表达趋势与黄瓜相反，Gu 成功克隆了 6 个菊花 $CmNRT2$ 家族基因。其中对 $CmNRT2.1$ 在功能层面进行了深入研究，在转录水平上 $CmNRT2.1$ 可由含有低浓度的硝酸盐或铵溶液诱导。过表达 $CmNRT2.1$ 的拟南芥植株中，与氮吸收相关的指标呈上调趋势，$CmNRT2.1$ 具有高亲和转运体的功能，$0.5 \ mmol \cdot L^{-1} \ NO_3^-$ 比 $5 \ mmol \cdot L^{-1} \ NO_3^-$ 更具诱导作用。在本书研究中，RNA – seq 的转录组分析发现，草地早熟禾 $NRT2.1$ 在 NN vs ON、LN vs ON 中均上调表达，这与 qRT – PCR 分析得到一致的结果，低浓度 NO_3^- 对 $NRT2.1$ 更具有诱导作用，低氮胁迫下草地早熟禾 $NRT2.1$ 基因的相对表达量最高，但随着 NO_3^- 浓度的增加，该基因相对表达量逐渐下降，高浓度 NO_3^- 的 $NRT2.1$ 基因的相对表达量最低，$NRT2.1$ 是高亲和转运系统中发挥重要作用的转运蛋白，这与芥菜（$Brassica$ $juncea$ L.）、二穗短柄草的 $NRT2.1$ 基因的研究结果一致。氮素的供应水平直接影响拟南芥 $NRT2.1$ 基因的表达，氮素充足时该基因相对表达量极低，在高浓度或极低浓度氮素诱导下，该基因均高度表达，表现出双亲和转运系统的特征。

玉米、菊花等植物 $NRT2.1$ 研究表明，NH_4^+ 会显著抑制 $NRT2.1$ 的表达，本书研究结果与其相似。本试验采用氮素浓度相同但是氮素形态不同的溶液处理植株，发现（NH_4）$_2SO_4$ 和 NH_4NO_3 组的 $NRT2.1$ 表达水平显著低于 $NaNO_3$ 处理组，NH_4^+ 抑制其表达。烟草经不同氮素形态处理后，硝态氮利于 $NRT2.4$ 基因的表达，铵态氮抑制其表达，草地早熟禾 $NRT2.4$ 基因也呈现相同趋势。

综上可知，植物不同的 $NRT2$ 家族基因响应氮素的调控机制有一定差异。

本书研究分析氮素处理对草地早熟禾 *NRT2* 家族基因在转录水平上的表达过程,有助于系统了解其响应氮素调控的过程,并结合 qRT－PCR 方法及定位分析,了解草地早熟禾 *NRT2.1*、*NRT2.4* 在氮素浓度和形态变化过程中的表达调控过程,丰富了草坪草 *NRT2* 家族基因的研究,有助于后续草坪草高亲和转运系统的研究。

6.3 草地早熟禾 *NPF* 家族基因响应氮素的调控机制

　　研究发现拟南芥 *AtNPF5.2*（*PTR3*）、*AtNPF8.1*（*PTR1*）、*AtNPF8.2*（*PTR5*）和 *AtNPF8.3*（*PTR2*）是二肽转运体,*AtNPF5.2* 基因还能被镉诱导表达。与单一低氮相比,低氮干旱互作促进草地早熟禾 *NPF5.2* 基因的表达,但与单一高氮相比,高氮干旱处理抑制其表达。Droce 和 Hauser 的研究结果表明,*NPF8.3* 在氮循环中是活跃的,从而影响信号过程和次生代谢物的生产。在种子萌发过程中,质膜中的 *NPF8.1* 基因和胞浆体中 *NPF8.3* 基因均高度表达。RNA－seq 和 qRT－PCR 结果显示,草地早熟禾 *NPF8.3* 的表达在 LN vs ON、HN vs ON 中均呈现上调趋势,低硝酸盐和高硝酸盐环境均促进 *NPF8.3* 的表达,草地早熟禾 *NPF8.3* 可能是一种双亲和蛋白。单一的干旱胁迫促进草地早熟禾 *NPF8.3* 的表达,低氮干旱促进草地早熟禾 *NPF8.3* 的表达,但是高氮干旱胁迫抑制其表达。在干旱和水氮互作中草地早熟禾 *NPF8.1* 基因的表达趋势与 *NPF8.3* 相似。

　　拟南芥硝酸盐转运体 *AtNPF2.10*（*AtGTR1*）和 *AtNPF2.11*（*AtGTR2*）对硫代葡萄糖苷在种子中的积累至关重要,但是不同植物中 *NPF2.10* 和 *NPF2.11* 在氮素响应方面的研究较少。草地早熟禾 *NPF2.10* 的表达在 LN vs ON、HN vs ON 中均呈现上调趋势,低硝酸盐和高硝酸盐环境均促进草地早熟禾 *NPF2.10* 的表达,草地早熟禾 *NPF2.10* 具有双亲和蛋白的潜力。草地早熟禾 *NPF2.11* 与 *NPF2.10* 功能不同,在 NN vs ON、LN vs ON、HN vs ON 中的表达均呈现下调趋势,低硝酸盐和高硝酸盐环境均抑制草地早熟禾 *NPF2.11* 的表达。干旱初期,草地早熟禾 *NPF2.10* 相对表达量的差异倍数高达 16,对于干旱胁迫的响应较为敏感。草地早熟禾 *NPF2.11* 与其表达趋势相反,呈现先下调后上调的趋势,16 h vs 2 h 的差异倍数高达 10.05。但是,低氮干旱或高氮干旱处理均抑制草地早熟禾 *NPF*2.10 与 *NPF*2.11 的表达。研究表明,*AtNPF*2.9 为低亲和转运蛋白,草地早熟禾 *NPF*2.9 与拟南芥 *AtNPF*2.9 相似,高硝酸盐环境促进草地早熟禾 *NPF*2.9 的表达,但是高氮干旱互作处理抑制草地早熟禾 *NPF*2.9 的表达。可见草地早熟禾 *NPF*2.9、*NPF*2.10 和 *NPF*2.11 的功能有一定差异。本书研究构建的 *NPF* 家族成员的进化树发现,不同物种的 *NPF*2.9、*NPF*2.10 和 *NPF*2.11之间的同源相似度较高。我们猜测 *NPF*2.10 和 *NPF*2.11 同源性较高,但是功能差别较大,可能是因为两者间某些差异蛋白基序对其功能有显著影响。

AtNPF3.1 被认为是一种转运硝酸盐、亚硝酸盐、赤霉素的转运体,限制氮素营养。草地早熟禾 *NPF*3.1 表达趋势却与拟南芥 *NPF*3.1 不同,NN vs ON、LN vs ON、HN vs ON 均呈现下调趋势,氮饥饿、低氮和高氮环境均抑制草地早熟禾 *NPF*3.1 的表达。但是相比于单一的氮素处理,低氮干旱与高氮干旱均呈现上调表达,水氮互作促进草地早熟禾 *NPF*3.1 的表达,氮素浓度及水氮互作对草地早熟禾 *NPF*3.1 表达水平影响显著。

对植物 *NPF*6.3(*NRT*1.1,*CHL*1)的研究较为深入,拟南芥 *AtNRT*1.1 最早被确定为双亲和转运蛋白。本书研究中草地早熟禾 *NPF*6.3 同样表现出双亲和的特性,在低氮与高氮中均高度表达。虽然 *NRT*1.3 还有待生物化学特性的鉴定,但其在首蓿中已被证明是一种双亲和转运体,同时还可以转运 ABA。这与本书研究结果一致,草地早熟禾 *NPF*6.4 在 NN vs ON、LN vs ON、HN vs ON 均上调表达,说明该基因有双亲和转运系统的潜质,但实际功能需要进一步深入验证。

*NRT*1.5 和 *NRT*1.8 被认为是硝酸盐长距离运输的两种重要转运体,*NRT*1.5主要在根细胞中表达,具有向木质部输送硝酸盐的功能。缺钾条件下,拟南芥 *NPF*7.3/*NRT*1.5 参与侧根发育。拟南芥 *NRT*1.5(*NPF*7.3)和 *NRT*1.8(*NPF*7.2)均受硝酸盐浓度显著影响,为低亲和转运系统。本书研究中 *NPF*7.3 的转录水平在氮素处理中表达差异不显著,但是在高氮且干旱环境中被强烈诱导表达,具有一定的耐高氮耐干旱的潜力。

综上,*NPF* 家族包含的成员众多,响应氮素的调控机制有一定差异。本书研究分析氮素处理对草地早熟禾 *NPF* 家族基因在转录水平上的表达过程的影响,有助于系统了解其响应氮素调控的过程,筛选出具有高亲和性的 NPF 家族基因,为提高氮素利用率提供理论依据。

6.4 草地早熟禾 NRT 家族基因响应干旱及水氮互作的调控机制

　　干旱胁迫是影响植物生长发育和作物增产的主要环境胁迫因子,同时也显著影响植物吸收矿物质营养素的能力,如氮和磷。据报道,水分胁迫降低了作物的干重、氮素吸收和氮素利用率,在草坪草中也发现了类似的结果。Bassett 等人发现,干旱可诱导苹果根系中高亲和转运蛋白基因 MdNRT2.4 的表达。这与本书研究结果相似,发现干旱胁迫显著影响草地早熟禾 NRT2.4 基因的表达水平,中度及高度干旱对其抑制作用更显著,低强度的干旱在一定程度上促进 NRT2.4 基因的表达。Duan 等人研究了干旱胁迫对小麦 NRT 家族基因的影响,发现 TaNRT2.1、TaNRT2.2、TaNRT2.3、TaNRT1.1 和 TaNRT1.2 均在干旱胁迫下显著表达,干旱胁迫抑制了 TaNRT2.1 的表达,而 TaNRT2.2 和 TaNRT2.3 的表达受干旱期间施氮量的影响。这与本书研究中草地早熟禾响应干旱胁迫的表达趋势相似,高度干旱抑制草地早熟禾 NRT2.1 基因的表达,低强度的干旱会诱导 NRT2.1 表达。水氮互作却促进草地早熟禾 NRT2.1 的表达,说明干旱期间草地早熟禾 NRT2.1 的表达受氮素浓度的影响,草地早熟禾 NRT2.4 在水氮互作处理中的表达趋势与 NRT2.1 相似。这两个基因在低氮干旱和高氮干旱下均上调表达,具有良好的耐氮耐旱能力。

　　NPF6.3 在拟南芥气孔开放过程中起着重要的作用,并对干旱十分敏感。水稻 OsNPF6.3 基因在正常氮素条件下,干旱胁迫诱导其表达,但是在低氮环境下增加干旱胁迫时,该基因的表达被抑制,这与本书研究结果一致。氮肥供应充足的小麦对干旱胁迫的敏感性高于在低氮环境生长的小麦,NRT 和 AMT 基因表达对干旱的响应较大程度上取决于施氮量,其中低氮环境生长的小麦在干旱处理下 TaNRT1.1 基因上调表达。本书研究结果与此相似,草地早熟禾 NPF6.3(NRT1.1)在低氮干旱和高氮干旱互作处理下被抑制表达,但是正常氮素水平且干旱期间其被显著上调表达。干旱和水氮互作中草地早熟禾 NPF6.3 基因表达趋势与 NPF6.4 相似。草地早熟禾 NPF6.4 在干旱后期上调表达十分显著,持续的干旱会诱导其表达,但关于其他物种的 NPF6.4 基因在干旱条件下的表达信息仍然非常有限。

Wang 研究发现,干旱增强了玉米根系对氮素的吸收和同化效率,干旱促进氨基酸的积累,氮代谢相关基因 AMT1.1b、ATM1.3、NRT1.2 和 NRT2.5 在干旱胁迫期间发挥重要作用。油菜在干旱、低温生物胁迫下,大部分硝酸盐转运体基因($BjNRT$1.1,$BjNRT$2.1)和负责氮同化和再活化的酶的基因($BjGS$1.1,$BjGDH$1,$BjNiR$1)均被下调。5% PEG 与不同浓度的硝酸铵溶液培养后的杨树幼苗,NR 及 GOGAT 活性均显著下调,氮吸收、同化和相关基因转录丰度差异显著,其中 ATM 基因上调表达显著。可以看到,干旱胁迫显著影响植物氮素的吸收和同化相关基因的表达,本书研究也得到相似结论。干旱初期草地早熟禾 NPF2.7、NPF6.3、NPF8.5 下调表达最为显著,随着干旱时间的增加,这些基因呈现大幅度的上调表达趋势。而干旱期间 NPF5.10、NPF2.10 表达趋势则相反,呈现先升高后下调的趋势。

关于不同物种中 NPF5.8 和 NPF8.3 响应干旱的表达水平相关研究尚未有报道。草地早熟禾 NPF5.8 基因随着干旱程度的增加,其相对表达量降低,高氮干旱组与高氮处理组相比,高氮干旱更利于草地早熟禾 NPF5.8 基因的表达,低氮干旱与低氮处理组间其相对表达量无显著差异。可见,相同的干旱处理,逐步提高氮素浓度,可诱导 NPF5.8 的表达。本书研究中,干旱胁迫促进草地早熟禾 NPF8.3 基因的表达,当干旱胁迫相同时,改变氮素浓度,显著影响其表达水平,低氮干旱可促进 NPF8.3 基因的表达,但是高氮干旱处理抑制其表达。我们推断,草地早熟禾 NPF5.8 基因具有耐高氮且耐干旱的能力,而 NPF8.3 基因具有耐低氮且耐干旱的能力。

综上,NRT2 和 NPF 家族基因响应水氮处理的调控机制有一定差异,本书研究结果发现,部分草地早熟禾 NRT2 和 NPF 家族基因被水氮互作处理诱导表达,具有耐氮且耐旱的能力,具体的功能验证需要进一步研究与鉴定。本书研究通过分析草坪草 NRT2 和 NPF 家族基因响应水氮互作处理的表达调控过程,为后续草坪草耐氮且耐旱基因的挖掘提供理论依据。

6.5 草地早熟禾 *NRT* 家族基因响应激素的调控机制

氮素是植物激素重要的组成元素,植物激素作为信号分子通过输导组织在时空上调控作物发育的众多过程,并发挥重要的作用。其中种子和胚胎发育过程受到植物激素的调控,尤其是 ABA、GA3、ZR、IAA。不同内源激素含量的变化以及各激素间的平衡对作物的生长、发育、气孔运动和抗逆性等有明显调节作用。研究发现 *NRT*2.1 基因对植物激素信号转导有一定的作用,低氮处理时拟南芥 *AtNRT*2.1 基因表达上调,这对乙烯生物合成和信号转导产生了积极的影响。研究发现拟南芥 *AtNRT*2.1 影响水杨酸依赖的防御反应的启动过程,*AtNRT*2.1 可能通过下调生物胁迫防御机制和促进非生物胁迫反应而影响植物抗病性。在本书研究中,与单一低氮处理相比,水氮互作更有利于 ABA 含量的增加。持续的水氮互作处理有利于 GA3、ZR、IAA 的合成。水氮互作促进了生长促进类激素的积累。

本书研究发现,氮素、干旱和水氮互作显著影响植物激素信号转导过程,"plant hormone signal transduction"(ko04075)中差异表达基因调控显著(图 2 − 14,图 2 − 16,图 2 − 17,图 2 − 19)。其中干旱胁迫期间,"植物激素信号转导通路"调控作用最显著,ABA 受体 *PYL*、*PP2Cs*、*SnRK*2 和 *ABF* 是调节 ABA 信号通路和非生物应激反应的关键分子。*PYL*2、*PYL*8、*PP2C* 和 *ABF* 的过表达增强了植物的耐旱性。*SnRK*2 在调节干旱胁迫的适应过程中发挥着重要作用,番茄(*Lycopersicon esculentum* Mill.)叶片脱水后 *SnRK*2.2、*SnRK*2.3 和 *SnRK*2.6 有助于 *ABF* 进行磷酸化,并对 *ABF* TF 产生正向调控作用。在本书研究中,ABA 信号转导相关基因 *PYLs*、*SnRK*2 和 *ABF* 在干旱期间发挥关键作用。

许多研究已经在生理水平上将 NO_3^- 和 ABA 信号联系起来。在种子中,NO_3^- 浓度直接影响种子休眠过程,NO_3^- 浓度对 ABA、GA 的合成均有一定的调控作用。拟南芥 *AtNPF*4.6 是 ABA 转运体,过量的硝酸盐并没有抑制 *AtNPF*4.6 的 ABA 转运活性。在本书研究中,草地早熟禾 *NPF*4.6 在 LN + PEG vs LN 中显著上调表达,而在 HN + PEG vs HN 中下调表达,低氮干旱促进其表达。水氮互作的转录组分析中,其对"植物激素信号转导通路"中 ABA 信号转导过程调控显著,*NPF*4.6 可能参与了 ABA 信号转导过程。在水氮互作诱导的胚性愈伤组织相关试验中,LN + PEG 的 ABA 含量在诱导 60 d 中持续上调,我们猜测,草地早熟禾 *NPF*4.6 可能发挥了调控 ABA 合成的作用,其具体功能还需进一步验证。水氮互作处理期间,草地早熟禾 *NPF* 家族基因作用十分显著,是否 *NPF* 家族其他基因与"植物激素信号转导通路"ABA 信号转导相关基因可能存在一定的关联有待继续挖掘。

6.6　草地早熟禾 *NRT* 家族基因与光合作用的关系

　　Qiao 等人研究发现 *NPF*6.4 可能在光合作用的最后阶段发挥主要作用,将硝酸盐供给光合细胞。*AtNRT*1.1 在拟南芥气孔开放过程中起着重要的作用,显著影响光合作用。研究发现叶绿体可以存储硝酸盐,从菠菜叶子分离出的叶绿体中,硝酸盐离子的浓度约为 5 mmol · L^{-1} 时,不再受外部硝酸盐条件的影响,其硝酸盐离子浓度保持恒定。亚硝酸盐一旦在胞质中形成,就会被亚硝酸盐还原酶转移到叶绿体中,并且将其还原为铵根离子。*CsNitr*1 定位于叶绿体包膜内膜,利用酵母表达验证 *CsNitr*1 能够输出亚硝酸盐,其同源基因拟南芥突变体 *At*1*g*68570 属于 *NRT*1 家族基因,与野生型拟南芥相比,可以起到富集 NO$_2$ 的作用。另外一个参与亚硝酸盐在叶绿体中转运的转运体是 *CLC* 家族基因的 *AtCLCe*,敲除 *AtCLCe* 突变体表现出一种改变的光合作用活性,亚硝酸盐的过度积累会抑制硝酸盐的积累。然而,此期间 *NRT*2.1 和 *NRT*1.1 的表达水平均发生改变,不能确定是否仅由 *AtCLCe* 的作用导致抑制硝酸盐的积累。光系统 Ⅱ 蛋白是从胞质到叶绿体运转 NO$_2$ 的另一个重要参与者,是细菌、蓝藻(*Cyanobacteria*)和植物中碳/氮平衡和能量状态的传感器。本书研究发现,氮素、干旱和水氮互作显著影响光合作用,"光合作用"(photosynthesis,ko00195)中大量的 DEG 参与表达(图 2 – 14,图 2 – 16,图 2 – 19),DEG 中光系统 Ⅱ 相关基因,如 *PsbA*、*PsbB*、*PsbO*、*PsaB* 和 *PetD* 在水氮处理中均上调表达,光合电子传递部分相关差异基因 ferredoxin 和 *petH* 受低氮干旱处理影响显著,而在 HN + PEG vs HN 中无显著变化。由"光合作用"受水氮处理时,差异表达基因大部分上调表达,水氮处理对其诱导强烈。水氮互作期间,*NRT*2 和 *NPF* 家族基因的作用也十分显著,我们大胆猜测,是否 *NRT*2、*NPF* 家族基因与"光合作用"光系统 II 相关基因存在一定的关联,从而影响水氮互作处理中的硝酸盐转运过程和光合作用,现有的研究中,关于 *NRT* 家族基因与光合作用相关基因的表达调控相关性的研究甚少。

6.7 适宜的内参基因的重要性

内参基因通常用于数据规范,但不能假定它们的表达水平在不同的试验条件下保持不变,因此,需要对内参基因进行系统的验证,以确保适当的规范化。黑麦草、二穗短柄草、小麦等禾本科植物中已经有了关于内参基因稳定性筛选的报道,结合本书研究结果可以看出,不同内参基因在禾本科植物中的稳定性各不相同。Hu 报道大豆内参基因的筛选,*ACT*11、*UKN*1 和 *UKN*2 组合适合作为不同组织的内参基因,发育阶段中 *SKIP*16、*UKN*1 和 *MTP* 组合最适合,光周期改变时 *ACT*11、*TuA*5 表达最稳定。Niu 检验草地早熟禾叶片和根在非生物胁迫下的内参基因表达稳定性,发现 *GADPH*、*TuB*、*SAM* 在盐、热、冷胁迫下稳定性很好,*EF* - 1*a* 稳定性较差。在水氮互作诱导的胚性愈伤组织中,*GADPH*、*EF* - 1*a* 稳定性较好,*CYP* 最不稳定。同样是草地早熟禾植物,选取的组织部位不同、诱导处理不同,内参基因的稳定性也有明显变化。同一物种中,针对特定处理测定内参基因稳定性,筛选适宜的内参基因对后续目的基因的表达分析尤为必要。本书研究首次以草地早熟禾胚性愈伤组织为组织部位研究干旱、低氮诱导后内参基因表达的稳定性,为草地早熟禾基因的表达分析寻找内参基因提供了更多选择。

6.8 结论

(1)不同水氮处理下草地早熟禾差异表达基因的功能富集分析

草地早熟禾氮素处理、干旱处理及水氮互作处理后其差异表达基因均高度富集于"catalytic activity"和"transporter activity"。水氮处理期间,大量的 *NRT* 家族基因富集于"transporter activity""response to nitrate""nitrate transport""nitrate transmembrane transporter activity""nitrate assimilation"等功能。

（2）基于转录组分析草地早熟禾 *NRT* 家族基因响应不同水氮胁迫的调控规律

氮素浓度显著影响 *NRT* 家族基因的表达水平，其中 *NRT*2.1、*NRT*2.2、*NPF*8.4 等在低浓度和高浓度的 NO_3^- 条件下均上调表达，呈现双亲和转运特性。干旱显著影响 *NRT* 家族基因的表达，干旱初期，*NPF*5.2 和 *NPF*2.10 上调表达最显著，持续干旱时草地早熟禾 *NPF*8.5、*NPF*6.4 和 *NPF*6.3 上调表达最显著。低氮且干旱期间，*NPF*8.3、*NPF*3.1 和 *NPF*5.3 上调表达最显著；在高氮干旱处理时，*NPF*8.5、*NPF*7.3、*NPF*3.1 等上调表达最显著。

（3）4 个 *NRT* 家族基因的克隆和生物信息学分析

克隆获得 4 个草地早熟禾 *NRT* 家族基因 *NRT*2.1、*NRT*2.4、*NPF*5.8 和 *NPF*8.3。4 个草地早熟禾 *NRT* 家族基因与二穗短柄草和节节麦 *NRT* 家族基因高度同源。

（4）4 个 *NRT* 家族基因的不同组织及水氮胁迫表达调控规律

①4 个草地早熟禾 *NRT* 家族基因的表达呈现组织特异性，*NRT*2.1、*NRT*2.4 和 *NPF*5.8 基因在叶部主要表达，而 *NPF*8.3 基因在根部与叶部均高度表达。

②硝态氮利于 *NRT*2.1、*NRT*2.4、*NPF*5.8 和 *NPF*8.3 基因的表达。无氮、低浓度和高浓度的 NO_3^- 利于 *NRT*2.4 基因的表达，而 *NRT*2.1 仅在低氮时上调表达；高浓度硝态氮利于 *NPF*5.8 表达，无氮和高浓度硝态氮处理均利于 *NPF*8.3 表达。干旱程度影响这 4 个基因的表达水平，其中干旱促进 *NPF*8.3 基因的表达，抑制 *NPF*5.8 的表达。水氮互作处理利于 *NRT*2.1 和 *NRT*2.4 基因的表达，高氮且干旱促进 *NPF*5.8 表达，低氮且干旱促进 *NPF*8.3 表达。

（5）水氮互作处理对草地早熟禾胚性愈伤组织的影响

低氮干旱诱导不仅促进草地早熟禾胚性愈伤组织的生长，同时促进植物内源激素含量的增加。在低氮环境中，草地早熟禾胚性愈伤组织 *NRT*2.1、*NRT*2.4 上调表达；在高氮环境中，*NPF*5.8 和 *NPF*8.3 上调表达；在低氮干旱环境中，*NRT*2.1、*NPF*8.3 上调表达，*NPF*5.8 下调表达。

附　　录

附表 1　水氮处理中 *NRT* 家族基因的 GO 富集分析

GO	水氮处理
	NN vs ON
GO： 0005215	TRINITY_DN103049_c0_g1，TRINITY_DN108932_c1_g1，TRINITY_DN108932_c1_g2， TRINITY_DN117060_c3_g1，TRINITY_DN83784_c1_g5，TRINITY_DN100518_c0_g1， TRINITY_DN102461_c0_g1，TRINITY_DN117060_c3_g4，TRINITY_DN82183_c0_g1， TRINITY_DN82183_c0_g1，TRINITY_DN99005_c0_g1，TRINITY_DN116009_c5_g2， TRINITY_DN88334_c0_g4，TRINITY_DN89396_c0_g2，TRINITY_DN116083_c4_g1， TRINITY_DN114703_c5_g1，TRINITY_DN89048_c1_g1，TRINITY_DN89048_c1_g3， TRINITY_DN88916_c2_g1，TRINITY_DN105303_c1_g1，TRINITY_DN117126_c6_g1， TRINITY_DN91642_c1_g5，TRINITY_DN110341_c3_g2，TRINITY_DN109064_c2_g1， TRINITY_DN73380_c2_g1，TRINITY_DN117227_c7_g4，TRINITY_DN89289_c0_g1， TRINITY_DN88916_c2_g2，TRINITY_DN87060_c0_g1，TRINITY_DN87060_c0_g2， TRINITY_DN93747_c1_g4，TRINITY_DN109064_c2_g2，TRINITY_DN81826_c1_g2， TRINITY_DN114820_c4_g3，TRINITY_DN105108_c0_g1，TRINITY_DN106181_c1_g1， TRINITY_DN105958_c0_g1，TRINITY_DN117227_c7_g2，TRINITY_DN118118_c3_g3， TRINITY_DN82182_c0_g1
GO： 0010167	TRINITY_DN102324_c0_g1，TRINITY_DN102324_c0_g2，TRINITY_DN103049_c0_g1， TRINITY_DN108932_c1_g1，TRINITY_DN108932_c1_g2，TRINITY_DN117060_c3_g1， TRINITY_DN83784_c1_g5，TRINITY_DN100518_c0_g1，TRINITY_DN102461_c0_g1， TRINITY_DN117060_c3_g4，TRINITY_DN82183_c0_g1，TRINITY_DN82183_c0_g1
GO： 0015706	TRINITY_DN102324_c0_g1，TRINITY_DN102324_c0_g2，TRINITY_DN103049_c0_g1， TRINITY_DN108932_c1_g1，TRINITY_DN108932_c1_g2，TRINITY_DN117060_c3_g1， TRINITY_DN83784_c1_g5，TRINITY_DN100518_c0_g1，TRINITY_DN102461_c0_g1， TRINITY_DN117060_c3_g4，TRINITY_DN82183_c0_g1，TRINITY_DN82183_c0_g1

续表

GO	水氮处理
	NN vs ON
GO： 0015112	TRINITY_DN102324_c0_g1，TRINITY_DN102324_c0_g2，TRINITY_DN103049_c0_g1， TRINITY_DN108932_c1_g1，TRINITY_DN108932_c1_g2，TRINITY_DN117060_c3_g1， TRINITY_DN83784_c1_g5，TRINITY_DN100518_c0_g1，TRINITY_DN102461_c0_g1， TRINITY_DN117060_c3_g4，TRINITY_DN82183_c0_g1，TRINITY_DN82183_c0_g1
GO： 0042128	TRINITY_DN102324_c0_g1，TRINITY_DN102324_c0_g2，TRINITY_DN103049_c0_g1， TRINITY_DN108932_c1_g1，TRINITY_DN108932_c1_g2，TRINITY_DN117060_c3_g1， TRINITY_DN83784_c1_g5，TRINITY_DN100518_c0_g1，TRINITY_DN102461_c0_g1， TRINITY_DN117060_c3_g4，TRINITY_DN82183_c0_g1，TRINITY_DN82183_c0_g1， TRINITY_DN116083_c4_g1，TRINITY_DN91642_c1_g5，TRINITY_DN81826_c1_g2， TRINITY_DN114820_c4_g3
	LN vs ON
GO： 0005215	TRINITY_DN116009_c5_g2，TRINITY_DN116009_c5_g1，TRINITY_DN72128_c0_g2， TRINITY_DN112698_c0_g2，TRINITY_DN115366_c5_g1，TRINITY_DN82443_c2_g1， TRINITY_DN89396_c0_g2，TRINITY_DN89048_c1_g1，TRINITY_DN88916_c2_g1， TRINITY_DN89048_c1_g3，TRINITY_DN91642_c1_g5，TRINITY_DN80474_c2_g2， TRINITY_DN112477_c3_g1，TRINITY_DN97528_c0_g1，TRINITY_DN114420_c3_g1， TRINITY_DN89289_c0_g1，TRINITY_DN103450_c1_g1，TRINITY_DN97528_c0_g2， TRINITY_DN87060_c0_g1，TRINITY_DN82183_c0_g3，TRINITY_DN94875_c1_g1， TRINITY_DN88916_c2_g2，TRINITY_DN87060_c0_g2，TRINITY_DN100518_c0_g2， TRINITY_DN107549_c1_g2，TRINITY_DN83784_c1_g1，TRINITY_DN114820_c4_g3， TRINITY_DN107701_c0_g1，TRINITY_DN82182_c0_g1，TRINITY_DN117060_c3_g4， TRINITY_DN83784_c1_g5，TRINITY_DN74952_c0_g1，TRINITY_DN105108_c0_g1， TRINITY_DN105958_c1_g2，TRINITY_DN114820_c3_g1，TRINITY_DN73950_c2_g1， TRINITY_DN105108_c2_g1，TRINITY_DN93438_c2_g1，TRINITY_DN114122_c2_g1， TRINITY_DN101823_c0_g1，TRINITY_DN99404_c1_g1，TRINITY_DN83060_c0_g2， TRINITY_DN114820_c4_g1，TRINITY_DN118118_c3_g1，TRINITY_DN93959_c2_g2， TRINITY_DN105909_c0_g1，TRINITY_DN93646_c0_g4，TRINITY_DN107701_c0_g2， TRINITY_DN117126_c6_g3，TRINITY_DN88345_c0_g2，TRINITY_DN101481_c0_g1， TRINITY_DN94340_c0_g1，TRINITY_DN118118_c3_g3
GO： 0010167	TRINITY_DN102324_c0_g1，TRINITY_DN102324_c0_g2，TRINITY_DN82183_c0_g3， TRINITY_DN100518_c0_g2，TRINITY_DN83784_c1_g1，TRINITY_DN83784_c1_g5， TRINITY_DN117060_c3_g4

续表

GO	水氮处理
	LN vs ON
GO：0015706	TRINITY_DN102324_c0_g1，TRINITY_DN102324_c0_g2，TRINITY_DN82183_c0_g3，TRINITY_DN100518_c0_g2，TRINITY_DN83784_c1_g1，TRINITY_DN83784_c1_g5，TRINITY_DN117060_c3_g4，TRINITY_DN114420_c3_g1，TRINITY_DN66086_c0_g1，TRINITY_DN108478_c2_g1，TRINITY_DN82996_c0_g2
GO：0015112	TRINITY_DN102324_c0_g1，TRINITY_DN102324_c0_g2，TRINITY_DN82183_c0_g3，TRINITY_DN100518_c0_g2，TRINITY_DN83784_c1_g1，TRINITY_DN83784_c1_g5，TRINITY_DN117060_c3_g4，TRINITY_DN108478_c2_g1，TRINITY_DN72128_c0_g1，TRINITY_DN72128_c0_g2，TRINITY_DN97528_c0_g1
GO：0042128	TRINITY_DN102324_c0_g1，TRINITY_DN102324_c0_g2，TRINITY_DN82183_c0_g3，TRINITY_DN100518_c0_g2，TRINITY_DN83784_c1_g1，TRINITY_DN83784_c1_g5，TRINITY_DN117060_c3_g4，TRINITY_DN108478_c2_g1，TRINITY_DN114420_c3_g1，TRINITY_DN66086_c0_g1，TRINITY_DN82996_c0_g2，TRINITY_DN91642_c1_g5，TRINITY_DN80474_c2_g2，TRINITY_DN107549_c1_g2，TRINITY_DN114820_c4_g3，TRINITY_DN74952_c0_g1，TRINITY_DN101823_c0_g1，TRINITY_DN99404_c1_g1，TRINITY_DN114820_c4_g1，TRINITY_DN93646_c0_g4
	HN vs ON
GO：0042128	TRINITY_DN102324_c0_g1，TRINITY_DN117060_c1_g1，TRINITY_DN117060_c3_g1，TRINITY_DN117060_c3_g1，TRINITY_DN83784_c1_g5，TRINITY_DN100518_c0_g1，TRINITY_DN102461_c0_g1，TRINITY_DN102461_c0_g1，TRINITY_DN91642_c1_g5，TRINITY_DN114820_c4_g3，TRINITY_DN74952_c0_g1，TRINITY_DN101823_c0_g1，TRINITY_DN81826_c1_g2，TRINITY_DN114820_c4_g1
GO：0010167	TRINITY_DN102324_c0_g1，TRINITY_DN117060_c1_g1，TRINITY_DN117060_c3_g1，TRINITY_DN117060_c3_g1，TRINITY_DN83784_c1_g5，TRINITY_DN100518_c0_g1，TRINITY_DN102461_c0_g1，TRINITY_DN102461_c0_g1
GO：0015706	TRINITY_DN102324_c0_g1，TRINITY_DN117060_c1_g1，TRINITY_DN117060_c3_g1，TRINITY_DN117060_c3_g1，TRINITY_DN83784_c1_g5，TRINITY_DN100518_c0_g1，TRINITY_DN102461_c0_g1，TRINITY_DN102461_c0_g1

续表

GO	水氮处理
	NN vs ON
GO: 0015112	TRINITY_DN102324_c0_g1，TRINITY_DN117060_c1_g1，TRINITY_DN117060_c3_g1，TRINITY_DN117060_c3_g1，TRINITY_DN83784_c1_g5，TRINITY_DN100518_c0_g1，TRINITY_DN102461_c0_g1，TRINITY_DN102461_c0_g1，TRINITY_DN97528_c0_g3
GO: 0005215	TRINITY_DN117060_c1_g1，TRINITY_DN98882_c1_g1，TRINITY_DN89048_c1_g3，TRINITY_DN88916_c2_g1，TRINITY_DN89048_c1_g1，TRINITY_DN115225_c2_g1，TRINITY_DN112477_c3_g1，TRINITY_DN89048_c1_g3，TRINITY_DN89048_c1_g1，TRINITY_DN89048_c1_g1，TRINITY_DN89048_c1_g1，TRINITY_DN97528_c0_g3，TRINITY_DN89048_c1_g1，TRINITY_DN89048_c1_g1，TRINITY_DN91642_c1_g5，TRINITY_DN112477_c3_g1，TRINITY_DN117126_c6_g1，TRINITY_DN117227_c7_g4，TRINITY_DN117060_c3_g1，TRINITY_DN89289_c0_g1，TRINITY_DN117227_c7_g4，TRINITY_DN88916_c2_g2，TRINITY_DN87060_c0_g1，TRINITY_DN114820_c4_g1TRINITY_DN117060_c3_g1，TRINITY_DN83784_c1_g5，TRINITY_DN100518_c0，TRINITY_DN102461_c0_g1，TRINITY_DN114122_c2_g1，TRINITY_DN80991_c1_g1，TRINITY_DN102461_c0_g1，TRINITY_DN87060_c0_g2，TRINITY_DN117126_c6_g2，TRINITY_DN105108_c0_g1，TRINITY_DN87060_c0_g2，TRINITY_DN117126_c6_g3，TRINITY_DN117227_c7_g4，TRINITY_DN114820_c4_g3，TRINITY_DN74952_c0_g1，TRINITY_DN101823_c0_g1，TRINITY_DN80991_c1_g1，TRINITY_DN106181_c1_g1，TRINITY_DN73950_c2_g1，TRINITY_DN101135_c1_g2，TRINITY_DN82182_c0_g1，TRINITY_DN81826_c1_g2，TRINITY_DN109064_c2_g2
	LN + PEG vs LN
GO: 0015706	TRINITY_DN102324_c0_g1，TRINITY_DN102324_c0_g2，TRINITY_DN103049_c0_g1，TRINITY_DN82183_c0_g3，TRINITY_DN100518_c0_g2，TRINITY_DN83784_c1_g1，TRINITY_DN85902_c1_g1，TRINITY_DN114420_c3_g1，TRINITY_DN66086_c0_g1，TRINITY_DN82996_c0_g2，TRINITY_DN108478_c2_g1

续表

GO	水氮处理
	LN + PEG vs LN
GO：0005215	TRINITY_DN116009_c5_g2, TRINITY_DN114420_c3_g3, TRINITY_DN83060_c0_g1, TRINITY_DN85436_c0_g1, TRINITY_DN93093_c0_g2, TRINITY_DN115366_c5_g1, TRINITY_DN116083_c4_g1, TRINITY_DN89396_c0_g2, TRINITY_DN103049_c0_g1, TRINITY_DN115225_c2_g1, TRINITY_DN112477_c3_g1, TRINITY_DN89396_c0_g1 TRINITY_DN85902_c1_g1, TRINITY_DN88916_c2_g1, TRINITY_DN114420_c3_g1, TRINITY_DN109064_c2_g1, TRINITY_DN114703_c4_g1, TRINITY_DN73380_c2_g1 TRINITY_DN117126_c6_g1, TRINITY_DN103450_c1_g1, TRINITY_DN109064_c2_g2, TRINITY_DN94875_c1_g1, TRINITY_DN82183_c0_g3, TRINITY_DN73546_c1_g1, TRINITY_DN100518_c0_g2, TRINITY_DN107701_c0_g1, TRINITY_DN97528_c0_g2, TRINITY_DN73002_c0_g3, TRINITY_DN99404_c1_g1, TRINITY_DN105958_c1_g2, TRINITY_DN114820_c4_g1, TRINITY_DN114820_c3_g1, TRINITY_DN105958_c1_g1, TRINITY_DN113091_c2_g3, TRINITY_DN105108_c2_g1, TRINITY_DN104869_c0_g2, TRINITY_DN89289_c0_g1, TRINITY_DN118878_c5_g2, TRINITY_DN86801_c2_g1, TRINITY_DN91642_c1_g1, TRINITY_DN113091_c2_g1, TRINITY_DN74952_c0_g1, TRINITY_DN88345_c0_g3, TRINITY_DN117126_c6_g2, TRINITY_DN83784_c1_g1, TRINITY_DN105108_c0_g1, TRINITY_DN118878_c5_g1, TRINITY_DN81826_c1_g2, TRINITY_DN118118_c3_g1, TRINITY_DN73950_c2_g1, TRINITY_DN93959_c2_g2, TRINITY_DN114563_c3_g1, TRINITY_DN93646_c0_g4, TRINITY_DN101481_c0_g1, TRINITY_DN114122_c2_g1, TRINITY_DN83060_c0_g2, TRINITY_DN106982_c3_g1, TRINITY_DN97695_c0_g1, TRINITY_DN100481_c1_g1, TRINITY_DN107701_c0_g2, TRINITY_DN100479_c1_g1, TRINITY_DN117227_c7_g2, TRINITY_DN114820_c4_g3, TRINITY_DN88345_c0_g2, TRINITY_DN87060_c0_g2, TRINITY_DN101823_c0_g1
GO：0010167	TRINITY_DN102324_c0_g1, TRINITY_DN102324_c0_g2, TRINITY_DN103049_c0_g1, TRINITY_DN82183_c0_g3, TRINITY_DN100518_c0_g2, TRINITY_DN83784_c1_g1
GO：0015112	TRINITY_DN102324_c0_g1, TRINITY_DN102324_c0_g2, TRINITY_DN103049_c0_g1, TRINITY_DN82183_c0_g3, TRINITY_DN100518_c0_g2, TRINITY_DN83784_c1_g1, TRINITY_DN85902_c1_g1, TRINITY_DN108478_c2_g1

续表

GO	水氮处理
	LN + PEG vs LN
GO： 0042128	TRINITY_DN102324_c0_g1，TRINITY_DN102324_c0_g2，TRINITY_DN103049_c0_g1，TRINITY_DN82183_c0_g3，TRINITY_DN100518_c0_g2，TRINITY_DN83784_c1_g1，TRINITY_DN85902_c1_g1，TRINITY_DN108478_c2_g1，TRINITY_DN114420_c3_g1，TRINITY_DN66086_c0_g1，TRINITY_DN82996_c0_g2，TRINITY_DN114420_c3_g3TRINITY_DN116083_c4_g1，TRINITY_DN73546_c1_g1，TRINITY_DN99404_c1_g1，TRINITY_DN114820_c4_g1　TRINITY_DN91642_c1_g1，TRINITY_DN74952_c0_g1，TRINITY_DN81826_c1_g2，TRINITY_DN114563_c3_g1，TRINITY_DN93646_c0_g4，TRINITY_DN114820_c4_g3　TRINITY_DN101823_c0_g1
	HN + PEG vs HN
GO： 0005215	TRINITY_DN72128_c0_g1，TRINITY_DN116009_c5_g2，TRINITY_DN112698_c0_g2，TRINITY_DN104666_c0_g2，TRINITY_DN89396_c0_g2，TRINITY_DN93959_c1_g1，TRINITY_DN85000_c1_g2，TRINITY_DN116083_c4_g1，TRINITY_DN88385_c2_g1，TRINITY_DN114703_c5_g1，TRINITY_DN112477_c3_g1，TRINITY_DN93959_c2_g1，TRINITY_DN114703_c4_g1，TRINITY_DN108932_c0_g1，TRINITY_DN107549_c1_g2，TRINITY_DN104869_c0_g2，TRINITY_DN100481_c1_g1，TRINITY_DN102461_c0_g1，TRINITY_DN105909_c0_g1，TRINITY_DN97528_c0_g2，TRINITY_DN100518_c0_g1，TRINITY_DN90739_c0_g3，TRINITY_DN118878_c5_g1，TRINITY_DN83444_c0_g1，TRINITY_DN114563_c3_g1，TRINITY_DN118118_c3_g1，TRINITY_DN96256_c1_g1，TRINITY_DN83060_c0_g3，TRINITY_DN106982_c3_g1，TRINITY_DN83784_c1_g5，TRINITY_DN73546_c1_g1，TRINITY_DN87060_c0_g2，TRINITY_DN86801_c2_g1，TRINITY_DN88767_c1_g2，TRINITY_DN101135_c1_g2，TRINITY_DN107549_c1_g1，TRINITY_DN83060_c0_g2，TRINITY_DN105909_c0_g2
GO： 0010167	TRINITY_DN102324_c0_g2，TRINITY_DN102461_c0_g1，TRINITY_DN100518_c0_g1，TRINITY_DN83784_c1_g5
GO： 0015706	TRINITY_DN102324_c0_g2，TRINITY_DN102461_c0_g1，TRINITY_DN100518_c0_g1，TRINITY_DN83784_c1_g5
GO： 0015112	TRINITY_DN102324_c0_g2，TRINITY_DN102461_c0_g1，TRINITY_DN100518_c0_g1，TRINITY_DN83784_c1_g5，TRINITY_DN72128_c0_g1，TRINITY_DN83060_c0_g3

续表

GO	水氮处理
	HN + PEG vs LN
GO：0042128	TRINITY_DN102324_c0_g2，TRINITY_DN102461_c0_g1，TRINITY_DN100518_c0_g1，TRINITY_DN83784_c1_g5，TRINITY_DN116083_c4_g1，TRINITY_DN108932_c0_g1，TRINITY_DN107549_c1_g2，TRINITY_DN90739_c0_g3，TRINITY_DN114563_c3_g1，TRINITY_DN73546_c1_g1，TRINITY_DN107549_c1_g1
GO：0009414	TRINITY_DN102461_c0_g1，TRINITY_DN100518_c0_g1，TRINITY_DN83784_c1_g5
GO：0009734	TRINITY_DN102461_c0_g1，TRINITY_DN100518_c0_g1，TRINITY_DN83784_c1_g5
GO：0080168	TRINITY_DN114563_c3_g1，TRINITY_DN73546_c1_g1
	2 h vs 0 h
GO：0010167	TRINITY_DN88357_c1_g1，TRINITY_DN80375_c0_g1，TRINITY_DN91227_c3_g4，TRINITY_DN75307_c0_g2，TRINITY_DN75265_c1_g2，TRINITY_DN75307_c0_g6，TRINITY_DN91227_c3_g1
GO：0015706	TRINITY_DN80375_c0_g1，TRINITY_DN88357_c1_g1，TRINITY_DN91227_c3_g4，TRINITY_DN75307_c0_g2，TRINITY_DN75265_c1_g2，TRINITY_DN75307_c0_g6，TRINITY_DN91227_c3_g1，TRINITY_DN90051_c3_g1
GO：0015112	TRINITY_DN61304_c0_g1，TRINITY_DN80375_c0_g1，TRINITY_DN91227_c3_g4，TRINITY_DN75307_c0_g2，TRINITY_DN75265_c1_g2，TRINITY_DN75307_c0_g6，TRINITY_DN91227_c3_g1，TRINITY_DN90051_c3_g1，TRINITY_DN88357_c1_g1
GO：0042128	TRINITY_DN80375_c0_g1，TRINITY_DN91227_c3_g4，TRINITY_DN75307_c0_g2，TRINITY_DN75265_c1_g2，TRINITY_DN75307_c0_g6，TRINITY_DN91227_c3_g1，TRINITY_DN90051_c3_g1
GO：0080168	TRINITY_DN59711_c0_g2
GO：0009734	TRINITY_DN80375_c0_g1，TRINITY_DN91227_c3_g4，TRINITY_DN75307_c0_g2，TRINITY_DN75265_c1_g2，TRINITY_DN75307_c0_g6，TRINITY_DN91227_c3_g1

续表

GO	水氮处理
	2 h vs 0 h
GO：0090440	TRINITY_DN59711_c0_g2
GO：0005215	TRINITY_DN61304_c0_g1，TRINITY_DN77853_c0_g2，TRINITY_DN88357_c1_g1，TRINITY_DN82155_c3_g2，TRINITY_DN89849_c0_g1，TRINITY_DN80375_c0_g1，TRINITY_DN72163_c1_g4，TRINITY_DN52900_c0_g1，TRINITY_DN70729_c1_g3，TRINITY_DN67642_c3_g2，TRINITY_DN71481_c1_g1，TRINITY_DN79826_c1_g3，TRINITY_DN91227_c3_g4，TRINITY_DN90007_c2_g4，TRINITY_DN79826_c1_g1，TRINITY_DN71486_c0_g1，TRINITY_DN72163_c2_g1，TRINITY_DN91572_c2_g3，TRINITY_DN69017_c2_g1，TRINITY_DN75271_c1_g1，TRINITY_DN84827_c0_g4，TRINITY_DN71307_c0_g5，TRINITY_DN78980_c1_g2，TRINITY_DN90051_c3_g1，TRINITY_DN60953_c0_g3，TRINITY_DN77010_c0_g3，TRINITY_DN75307_c0_g2，TRINITY_DN68980_c1_g1，TRINITY_DN62348_c2_g2，TRINITY_DN62348_c2_g1，TRINITY_DN67109_c0_g2，TRINITY_DN93249_c5_g1，TRINITY_DN89155_c0_g2，TRINITY_DN89849_c1_g1，TRINITY_DN92822_c2_g3，TRINITY_DN90216_c2_g1，TRINITY_DN72214_c0_g1，TRINITY_DN84827_c0_g3，TRINITY_DN69927_c0_g4，TRINITY_DN92961_c3_g1，TRINITY_DN69364_c1_g5，TRINITY_DN69364_c1_g1，TRINITY_DN69364_c1_g2，TRINITY_DN53794_c0_g1，TRINITY_DN89202_c1_g1，TRINITY_DN79243_c1_g2，TRINITY_DN93794_c1_g1，TRINITY_DN78980_c1_g1，TRINITY_DN93771_c0_g1，TRINITY_DN93771_c0_g3，TRINITY_DN92005_c3_g2，TRINITY_DN93249_c5_g6，TRINITY_DN93794_c2_g1，TRINITY_DN93794_c2_g3，TRINITY_DN93771_c1_g1，TRINITY_DN72679_c1_g4，TRINITY_DN77010_c1_g2，TRINITY_DN92714_c1_g1，TRINITY_DN75778_c1_g1，TRINITY_DN75265_c1_g2，TRINITY_DN63055_c1_g1，TRINITY_DN71481_c0_g1，TRINITY_DN77434_c3_g1，TRINITY_DN59711_c0_g2，TRINITY_DN89573_c1_g1，TRINITY_DN89573_c1_g2，TRINITY_DN91961_c1_g1，TRINITY_DN64140_c1_g2，TRINITY_DN47423_c0_g1，TRINITY_DN77010_c0_g1，TRINITY_DN75307_c0_g3，TRINITY_DN75307_c0_g6，TRINITY_DN65834_c1_g1，TRINITY_DN53928_c0_g1，TRINITY_DN92005_c2_g2，TRINITY_DN77010_c0_g2，TRINITY_DN82155_c2_g1，TRINITY_DN79330_c0_g1，TRINITY_DN68992_c0_g2，TRINITY_DN71187_c0_g2，TRINITY_DN71486_c0_g2，TRINITY_DN67937_c0_g3，TRINITY_DN67937_c0_g1，TRINITY_DN87856_c1_g2，TRINITY_DN87856_c1_g3，TRINITY_DN91227_c3_g1

续表

GO	水氮处理
	2 h vs 0 h
GO：0015334	TRINITY_DN61304_c0_g1，TRINITY_DN79826_c1_g3，TRINITY_DN90007_c2_g4，TRINITY_DN91572_c2_g3，TRINITY_DN90216_c2_g1，TRINITY_DN69364_c1_g1，TRINITY_DN72679_c1_g4，TRINITY_DN75778_c1_g1，TRINITY_DN63055_c1_g1，TRINITY_DN89573_c1_g1，TRINITY_DN89573_c1_g2，TRINITY_DN64140_c1_g2TRINITY_DN65834_c1_g1
	16 h vs 2 h
GO：0005215	TRINITY_DN61304_c0_g1，TRINITY_DN67109_c0_g1，TRINITY_DN82155_c3_g2，TRINITY_DN80375_c0_g1，TRINITY_DN72163_c1_g4，TRINITY_DN52900_c0_g1，TRINITY_DN70729_c1_g3，TRINITY_DN60361_c0_g1，TRINITY_DN67642_c3_g2，TRINITY_DN71481_c1_g1，TRINITY_DN79826_c1_g3，TRINITY_DN91227_c3_g4TRINITY_DN90007_c2_g4，TRINITY_DN85724_c1_g1，TRINITY_DN79826_c1_g1，TRINITY_DN70263_c0_g1，TRINITY_DN71486_c0_g1，TRINITY_DN72163_c2_g1，TRINITY_DN91130_c1_g1，TRINITY_DN91572_c2_g3，TRINITY_DN89155_c0_g1，TRINITY_DN75271_c1_g1，TRINITY_DN78687_c0_g2，TRINITY_DN71307_c0_g5，TRINITY_DN81183_c2_g1，TRINITY_DN90051_c3_g1，TRINITY_DN60953_c0_g3，TRINITY_DN77010_c0_g3，TRINITY_DN75307_c0_g2，TRINITY_DN68980_c1_g1，TRINITY_DN62348_c0_g3，TRINITY_DN80375_c0_g2，TRINITY_DN64149_c0_g2，TRINITY_DN62348_c2_g2，TRINITY_DN62348_c2_g1，TRINITY_DN62961_c0_g1，TRINITY_DN93249_c5_g1，TRINITY_DN89155_c0_g2，TRINITY_DN92822_c2_g3，TRINITY_DN80375_c0_g6，TRINITY_DN72265_c0_g1，TRINITY_DN72214_c0_g1，TRINITY_DN69927_c0_g4，TRINITY_DN69927_c0_g1，TRINITY_DN92961_c3_g1，TRINITY_DN69364_c1_g5，TRINITY_DN69364_c1_g1，TRINITY_DN69364_c1_g2TRINITY_DN53794_c0_g1，TRINITY_DN78980_c1_g1，TRINITY_DN93771_c0_g1，TRINITY_DN93771_c0_g3，TRINITY_DN92005_c3_g2，TRINITY_DN93249_c5_g6，TRINITY_DN77586_c0_g1，TRINITY_DN71624_c0_g2，TRINITY_DN71624_c0_g1，TRINITY_DN93794_c2_g1，TRINITY_DN93794_c2_g3，TRINITY_DN92714_c1_g1TRINITY_DN91391_c2_g1，TRINITY_DN75265_c1_g2，TRINITY_DN63055_c1_g1，TRINITY_DN77434_c3_g1，TRINITY_DN79826_c0_g2，TRINITY_DN59711_c0_g1，TRINITY_DN59711_c0_g2，TRINITY_DN89573_c1_g1，TRINITY_DN89573_c1_g2，TRINITY_DN91961_c1_g1，TRINITY_DN64140_c1_g2，TRINITY_DN47423_c0_g1TRINITY_DN77010_c0_g1，TRINITY_DN75307_c0_g3，TRINITY_DN75307_c0_g6，TRINITY_DN58293_c0_g1，TRINITY_DN65834_c1_g1，TRINITY_DN92005_c2_g2，TRINITY_DN77010_c0_g2，TRINITY_DN82155_c2_g1，TRINITY_DN87091_c1_g3，TRINITY_DN68992_c0_g2，TRINITY_DN71187_c0_g2，TRINITY_DN70286_c1_g1TRINITY_DN74359_c2_g1，TRINITY_DN67937_c0_g3，TRINITY_DN67937_c0_g2，TRINITY_DN67937_c0_g1，TRINITY_DN87856_c1_g2，TRINITY_DN87856_c1_g3，TRINITY_DN91227_c3_g1

续表

GO	水氮处理
	16 h vs 2 h
GO:0010167	TRINITY_DN77227_c0_g1, TRINITY_DN80375_c0_g1, TRINITY_DN91227_c3_g4, TRINITY_DN78687_c0_g2, TRINITY_DN81183_c2_g1, TRINITY_DN75307_c0_g2, TRINITY_DN80375_c0_g2, TRINITY_DN64149_c0_g2, TRINITY_DN80375_c0_g6, TRINITY_DN72265_c0_g1, TRINITY_DN75265_c1_g2, TRINITY_DN75307_c0_g6TRINITY_DN91227_c3_g1
GO:0015706	TRINITY_DN77227_c0_g1, TRINITY_DN80375_c0_g1, TRINITY_DN91227_c3_g4, TRINITY_DN78687_c0_g2, TRINITY_DN81183_c2_g1, TRINITY_DN90051_c3_g1, TRINITY_DN75307_c0_g2, TRINITY_DN80375_c0_g2, TRINITY_DN64149_c0_g2, TRINITY_DN80375_c0_g6, TRINITY_DN72265_c0_g1, TRINITY_DN75265_c1_g2, TRINITY_DN75307_c0_g6, TRINITY_DN91227_c3_g1
GO:0015112	TRINITY_DN77227_c0_g1, TRINITY_DN80375_c0_g1, TRINITY_DN91227_c3_g4, TRINITY_DN78687_c0_g2, TRINITY_DN81183_c2_g1, TRINITY_DN75307_c0_g2, TRINITY_DN80375_c0_g2, TRINITY_DN64149_c0_g2, TRINITY_DN80375_c0_g6, TRINITY_DN72265_c0_g1, TRINITY_DN75265_c1_g2, TRINITY_DN75307_c0_g6, TRINITY_DN91227_c3_g1, TRINITY_DN67642_c3_g2, TRINITY_DN71624_c0_g1
GO:0080168	TRINITY_DN91391_c2_g1, TRINITY_DN59711_c0_g1, TRINITY_DN59711_c0_g2
GO:0042128	TRINITY_DN77227_c0_g1, TRINITY_DN80375_c0_g1, TRINITY_DN91227_c3_g4, TRINITY_DN75307_c0_g2, TRINITY_DN80375_c0_g2, TRINITY_DN64149_c0_g2, TRINITY_DN80375_c0_g6, TRINITY_DN72265_c0_g1, TRINITY_DN75265_c1_g2, TRINITY_DN75307_c0_g6, TRINITY_DN91227_c3_g1, TRINITY_DN90051_c3_g1, TRINITY_DN71481_c1_g1, TRINITY_DN85724_c1_g1, TRINITY_DN71486_c0_g1, TRINITY_DN71307_c0_g5, TRINITY_DN92961_c3_g1, TRINITY_DN77586_c0_g1, TRINITY_DN92714_c1_g1, TRINITY_DN91391_c2_g1, TRINITY_DN59711_c0_g1, TRINITY_DN59711_c0_g2, TRINITY_DN70286_c1_g1
GO:0090440	TRINITY_DN91391_c2_g1, TRINITY_DN59711_c0_g1, TRINITY_DN59711_c0_g2

续表

GO	水氮处理
	16 h vs 2 h
GO：0009734	TRINITY_DN80375_c0_g1，TRINITY_DN91227_c3_g4，TRINITY_DN75307_c0_g2，TRINITY_DN80375_c0_g2，TRINITY_DN64149_c0_g2，TRINITY_DN80375_c0_g6，TRINITY_DN72265_c0_g1，TRINITY_DN75265_c1_g2，TRINITY_DN75307_c0_g6，TRINITY_DN91227_c3_g1
GO：0015334	TRINITY_DN61304_c0_g1，TRINITY_DN60361_c0_g1，TRINITY_DN79826_c1_g3，TRINITY_DN90007_c2_g4，TRINITY_DN91130_c1_g1，TRINITY_DN91572_c2_g3，TRINITY_DN69364_c1_g1，TRINITY_DN63055_c1_g1，TRINITY_DN79826_c0_g2，TRINITY_DN89573_c1_g1，TRINITY_DN89573_c1_g2，TRINITY_DN64140_c1_g2，TRINITY_DN65834_c1_g1
	16 h vs 0 h
GO：0005215	TRINITY_DN77853_c0_g2，TRINITY_DN89849_c0_g1，TRINITY_DN90007_c2_g1，TRINITY_DN70263_c0_g1，TRINITY_DN91130_c1_g1，TRINITY_DN84827_c0_g4，TRINITY_DN78980_c1_g2，TRINITY_DN90051_c3_g1，，TRINITY_DN68980_c1_g1，TRINITY_DN64149_c0_g2，TRINITY_DN80375_c0_g6，TRINITY_DN72265_c0_g1TRINITY_DN84827_c0_g3，TRINITY_DN92961_c3_g2，TRINITY_DN92961_c3_g1，TRINITY_DN89202_c1_g1，TRINITY_DN93794_c1_g1，TRINITY_DN77586_c0_g2，TRINITY_DN77586_c0_g1，TRINITY_DN72679_c1_g4，，TRINITY_DN77010_c1_g2，TRINITY_DN92714_c1_g1，TRINITY_DN91391_c2_g1，TRINITY_DN75778_c1_g1，TRINITY_DN75265_c1_g2，TRINITY_DN71481_c0_g1，TRINITY_DN79826_c0_g2，TRINITY_DN59711_c0_g1，TRINITY_DN75307_c0_g6，TRINITY_DN58293_c0_g1，TRINITY_DN77010_c0_g2，TRINITY_DN77010_c1_g1，，TRINITY_DN71486_c0_g2，TRINITY_DN70286_c1_g1，TRINITY_DN74359_c2_g1，TRINITY_DN91227_c3_g1
GO：0010167	TRINITY_DN77227_c0_g1，TRINITY_DN64149_c0_g2，TRINITY_DN80375_c0_g6，TRINITY_DN72265_c0_g1，TRINITY_DN92961_c3_g2，TRINITY_DN75265_c1_g2，TRINITY_DN75307_c0_g6，TRINITY_DN91227_c3_g1
GO：0015706	TRINITY_DN77227_c0_g1，TRINITY_DN64149_c0_g2，TRINITY_DN80375_c0_g6，TRINITY_DN72265_c0_g1，TRINITY_DN92961_c3_g2，TRINITY_DN75265_c1_g2，TRINITY_DN75307_c0_g6，TRINITY_DN91227_c3_g1，TRINITY_DN90051_c3_g1

续表

GO	水氮处理
	16 h vs 0 h
GO：0015112	TRINITY_DN77227_c0_g1，TRINITY_DN64149_c0_g2，TRINITY_DN80375_c0_g6，TRINITY_DN72265_c0_g1，TRINITY_DN92961_c3_g2，TRINITY_DN75265_c1_g2，TRINITY_DN75307_c0_g6，TRINITY_DN91227_c3_g1
GO：0042128	TRINITY_DN77227_c0_g1，TRINITY_DN64149_c0_g2，TRINITY_DN80375_c0_g6，TRINITY_DN72265_c0_g1，TRINITY_DN92961_c3_g2，TRINITY_DN75265_c1_g2，TRINITY_DN75307_c0_g6，TRINITY_DN91227_c3_g1，TRINITY_DN90051_c3_g1，TRINITY_DN92961_c3_g1，TRINITY_DN93794_c1_g1，TRINITY_DN77586_c0_g2，TRINITY_DN77586_c0_g1，TRINITY_DN92714_c1_g1，TRINITY_DN91391_c2_g1，TRINITY_DN71481_c0_g1，TRINITY_DN59711_c0_g1，TRINITY_DN71486_c0_g2，TRINITY_DN70286_c1_g1
GO：0080168	TRINITY_DN91391_c2_g1，TRINITY_DN59711_c0_g1
GO：0090440	TRINITY_DN91391_c2_g1，TRINITY_DN59711_c0_g1
GO：0009734	TRINITY_DN64149_c0_g2，TRINITY_DN80375_c0_g6，TRINITY_DN72265_c0_g1，TRINITY_DN92961_c3_g2，TRINITY_DN75265_c1_g2，TRINITY_DN75307_c0_g6，TRINITY_DN91227_c3_g1
GO：0015334	TRINITY_DN90007_c2_g1，TRINITY_DN91130_c1_g1，TRINITY_DN72679_c1_g4，TRINITY_DN75778_c1_g1，TRINITY_DN79826_c0_g2

附表2 不同物种 *NRT2* 家族基因登录汇总表

编号	物种	登录号	基因名
1	*Arabidopsis thaliana*	NP－172288	*AtNRT*2.1
2	*A. thaliana*	NP－172289	*AtNRT*2.2
3	*A. thaliana*	NP－200886	*AtNRT*2.3
4	*A. thaliana*	NP－200885	*AtNRT*2.4
5	*A. thaliana*	NP－172754	*AtNRT*2.5
6	*A. thaliana*	NM_114375.5	*AtNRT*2.6
7	*A. thaliana*	NP－196961	*AtNRT*2.7
8	*Brachypodium distachyon*	XP_003572550.1	*BdNRT*2.1
9	*B. distachyon*	XP_003572454.1	*BdNRT*2.1
10	*B. distachyon*	XP_003572590.2	*BdNRT*2.1
11	*B. distachyon*	XP_003570801.1	*BdNRT*2.1
12	*B. distachyon*	XP_003569637.1	*BdNRT*2.3
13	*B. distachyon*	XP_003566766.2	*BdNRT*2.4
14	*Brassica juncea*	KT119586.1	*NRT*2.7
15	*Brassica napus*	MF357896.1	*NRT*2.1
16	*Brassica rapa*	KJ013597.1	*NRT*2.2
17	*B. rapa*	JQ797418.1	*NRT*2.1
18	*Chlamydomonas reinhardtii*	AY669386.1	*NRT*2.3
19	*C. reinhardtii*	KT971135.1	*NRT*2.4
20	*C. reinhardtii*	KT971134.1	*NRT*2.5
21	*Chrysanthemum morifolium*	JN408066.1	*NRT*2.1
22	*Cucumis sativus*	MH213459.1	*CsNRT*2.1
23	*C. sativus*	KC783255.1	*NRT*2.2
24	*C. sativus*	NP_001295862.1	*CsNRT*2.3
25	*C. sativus*	KC783256.1	*NRT*2.3
26	*Glossostigma elatinoides*	KX230796.1	*NRT*2.1
27	*Glycine max*	NP_001236444.1	*GmNRT*2.1
28	*G. max*	XP_003539195.1	*GmNRT*2.4

续表

编号	物种	登录号	基因名
29	*Hordeum vulgare*	AAC49531.1	*HvNRT2*.1
30	*H. vulgare*	AAC49532.1	*HvNRT2*.2
31	*H. vulgare*	AAD28363.1	*HvNRT2*.3
32	*H. vulgare*	AAD28364.1	*HvNRT2*.4
33	*H. vulgare*	ABG20828.1	*HvNRT2*.5
34	*H. vulgare*	ABG20829.1	*HvNRT2*.6
35	*H. vulgare*	U34198.1	*NRT2*.1
36	*H. vulgare*	DQ539042.1	*NRT2*.5
37	*H. vulgare*	DQ539043.2	*NRT2*.6
38	*Lycopersicon esculentum*	AF092655.1	*NRT2*.1
39	*L. esculentum*	AF092654.1	*NRT2*.2
40	*L. esculentum*	AY038800.1	*NRT2*.3
41	*Malus hupehensis*	FJ168536.1	*NRT2*.1
42	*M. hupehensis*	FJ168537.1	*NRT2*.5
43	*Nicotiana plumbaginifolia*	CAA69387.1	*NpNRT2*.1
44	*Nicotiana tabacum*	KX832907.1	*NRT2*.1
45	*N. tabacum*	KX832908.1	*NRT2*.2
46	*Oryza sativa*	AB008519.1	*OsNRT2*.1
47	*O. sativa*	AK109733.1	*OsNRT2*.2
48	*O. sativa*	AK109776.1	*OsNRT2*.3*a*
49	*O. sativa*	AK109776.1	*OsNRT2*.3*b*
50	*Physcomitrella patens*	AB231676.1	*NRT2*.1
51	*P. patens*	AB231677.1	*NRT2*.2
52	*P. patens*	AB231678.1	*NRT2*.3
53	*P. patens*	AB231679.1	*NRT2*.4
54	*P. patens*	AB231680.1	*NRT2*.5
55	*P. patens*	AB287508.1	*NRT2*.6
56	*P. patens*	AB287509.1	*NRT2*.7

续表

编号	物种	登录号	基因名
57	*P. patens*	AB287510	*NRT*2.8
58	*Pinus pinaster*	KX986706.1	*NRT*2.1
59	*P. pinaster*	KX986707.1	*NRT*2.2
60	*Solanum lycopersicum*	AAF00053.1	*SlNRT*2.1
61	*S. lycopersicum*	NP_001266263.1	*SlNRT*2.2
62	*S. lycopersicum*	NP_001234127.1	*SlNRT*2.3
63	*S. lycopersicum*	XP_004240585.1	*SlNRT*2.4
64	*S. lycopersicum*	XP_004233327.2	*SlNRT*2.7
65	*Triticum aestivum*	LC278395.1	*NRT*2.1
66	*T. aestivum*	LC278396.1	*NRT*2.2
67	*T. aestivum*	AY053452.1	*NRT*2.3
68	*Vitis vinifera*	XP_002277127.1	*VvNRT*2.4
69	*Zea mays*	AY129953.1	*NRT*2.1
70	*Z. mays*	XP_008645163.1	*ZmNRT*2.1
71	*Z. mays*	XP_008656795.1	*ZmNRT*2.3
72	*Z. mays*	XP_003569637.1	*ZmNRT*2.5
73	*Z. mays*	AY659965.1	*ZmNRT*2.2

附表3　不同物种 *NPF* 家族基因登录汇总表

编号	物种	登录号	基因名
1	*Abrus precatorius*	LOC113863112	*NPF*5.6
2	*A. precatorius*	LOC113862006	*NPF*6.1
3	*Arabidopsis lyrata*	LOC9326366	*NPF*2.9
4	*A. lyrata*	LOC9311941	*NPF*2.10
5	*A. lyrata*	LOC9300888	*NPF*2.11
6	*A. lyrata*	LOC9312862	*NPF*8.4
7	*A. lyrata*	LOC9324100	*NPF*8.5
8	*Arachis duranensis*	LOC107480879	*NPF*5.6
9	*A. duranensis*	LOC107459991	*NPF*8.2
10	*Brachypodium distachyon*	LOC100827725	*NPF*2.9
11	*B. distachyon*	LOC100843012	*NPF*2.11
12	*B. distachyon*	LOC100824280	*NPF*5.10
13	*B. distachyon*	LOC100841557	*NPF*6.3
14	*B. distachyon*	LOC100841803	*NPF*8.1
15	*B. distachyon*	LOC100837483	*NPF*8.2
16	*B. distachyon*	LOC100843227	*NPF*8.5
17	*Brassica napus*	LOC106431814	*NPF*2.9
18	*B. napus*	LOC106401283	*NPF*5.10
19	*Brassica oleracea*	LOC106295706	*NPF*5.9
20	*B. oleracea*	LOC106295444	*NPF*6.4
21	*Brassica rapa*	LOC103854026	*NPF*8.4
22	*Camelina sativa*	LOC104711273	*NPF*2.10
23	*C. sativa*	LOC104779542	*NPF*8.4
24	*C. sativa*	LOC104714553	*NPF*8.5
25	*Capsella rubella*	LOC17887189	*NPF*2.10
26	*C. rubella*	LOC17875457	*NPF*2.11
27	*C. rubella*	LOC17892685	*NPF*5.9
28	*C. rubella*	LOC17887085	*NPF*8.4

续表

编号	物种	登录号	基因名
29	*C. rubella*	LOC17883402	*NPF*8. 2
30	*C. rubella*	LOC17900530	*NPF*6. 3
31	*C. rubella*	LOC17895779	*NPF*8. 5
32	*Carica papaya*	LOC110820281	*NPF*5. 9
33	*Cicer arietinum*	LOC101498251	*NPF*3. 1
34	*C. arietinum*	LOC101506907	*NPF*6. 1
35	*C. arietinum*	LOC101495186	*NPF*6. 4
36	*C. arietinum*	LOC101494930	*NPF*8. 1
37	*Citrus clementina*	LOC18047775	*NPF*2. 11
38	*C. clementina*	LOC18042363	*NPF*5. 10
39	*C. clementina*	LOC18051495	*NPF*5. 9
40	*Citrus sinensis*	LOC102616258	*NPF*5. 9
41	*Coffea eugenioides*	LOC113753843	*NPF*6. 1
42	*Cucumis melo*	LOC103486351	*NPF*5. 6
43	*Cucumis sativus*	LOC101212941	*NPF*2. 10
44	*Cynara cardunculus*	LOC112507729	*NPF*6. 4
45	*Eucalyptus grandis*	LOC104422548	*NPF*5. 6
46	*Eutrema salsugineum*	LOC18021052	*NPF*2. 10
47	*E. salsugineum*	LOC18011933	*NPF*2. 11
48	*E. salsugineum*	LOC18992692	*NPF*5. 10
49	*E. salsugineum*	LOC18013320	*NPF*8. 4
50	*E. salsugineum*	LOC18010126	*NPF*8. 5
51	*Glycine max*	LOC547473	*NPF*2. 11
52	*G. max*	LOC100801102	*NPF*2. 9
53	*G. max*	LOC100776720	*NPF*5. 10
54	*G. max*	LOC100800913	*NPF*6. 3
55	*G. max*	LOC100786202	*NPF*8. 1
56	*G. max*	LOC100816253	*NPF*8. 2

续表

编号	物种	登录号	基因名
57	*Gossypium arboreum*	LOC108455929	*NPF*5.9
58	*Glycine soja*	LOC114397491	*NPF*6.1
59	*Gossypium raimondii*	LOC105792084	*NPF*6.3
60	*Jatropha curcas*	LOC105642027	*NPF*2.10
61	*J. curcas*	LOC105643995	*NPF*5.10
62	*Medicago truncatula*	LOC25493806	*NPF*2.9
63	*M. truncatula*	LOC25491519	*NPF*5.6
64	*M. truncatula*	LOC25490243	*NPF*8.2
65	*Morus notabilis*	LOC21391672	*NPF*5.10
66	*M. notabilis*	LOC21399974	*NPF*5.6
67	*M. notabilis*	LOC21406359	*NPF*8.1
68	*Nicotiana sylvestris*	LOC104229045	*NPF*6.1
69	*Oryza sativa*	LOC4344690	*NPF*6.3
70	*O. sativa*	LOC4329781	*NPF*6.4
71	*O. sativa*	LOC4325014	*NPF*8.1
72	*O. sativa*	LOC4325456	*NPF*8.2
73	*O. sativa*	LOC4347964	*NPF*8.5
74	*Oryza sativa* Japonica Group	LOC107276168	*NPF*2.9
75	*O. sativa* Japonica Group	LOC4334618	*NPF*5.6
76	*Phoenix dactylifera*	LOC103715339	*NPF*3.1
77	*P. dactylifera*	LOC103712389	*NPF*6.1
78	*P. dactylifera*	LOC103713059	*NPF*6.4
79	*P. dactylifera*	LOC103704060	*NPF*8.1
80	*Populus trichocarpa*	LOC7487840	*NPF*2.9
81	*P. trichocarpa*	LOC18107290	*NPF*2.10
82	*P. trichocarpa*	LOC7494367	*NPF*5.9
83	*P. trichocarpa*	LOC7477643	*NPF*8.2
84	*Quercus suber*	LOC112026448	*NPF*3.1

续表

编号	物种	登录号	基因名
85	*Raphanus sativus*	LOC108861563	*NPF*5. 9
86	*Ricinus communis*	LOC8258169	*NPF*2. 9
87	*R. communis*	LOC8269295	*NPF*3. 1
88	*Selaginella moellendorffii*	LOC9632638	*NPF*3. 1
89	*S. moellendorffii*	LOC9637956	*NPF*8. 5
90	*S. moellendorffii*	LOC9663376	*NPF*8. 2
91	*Sesamum indicum*	LOC105161585	*NPF*5. 6
92	*Setaria italica*	LOC101762695	*NPF*8. 5
93	*Solanum lycopersicum*	LOC101267393	*NPF*2. 11
94	*S. lycopersicum*	LOC101257261	*NPF*3. 1
95	*S. lycopersicum*	LOC101256981	*NPF*5. 10
96	*S. lycopersicum*	LOC101244598	*NPF*6. 4
97	*S. lycopersicum*	LOC101244598	*NPF*6. 4
98	*S. lycopersicum*	LOC101253972	*NPF*6. 4
99	*S. lycopersicum*	LOC101254912	*NPF*8. 1
100	*Solanum pennellii*	LOC107020555	*NPF*3. 1
101	*S. pennellii*	LOC107004721	*NPF*6. 1
102	*Sorghum bicolor*	LOC8067856	*NPF*6. 3
103	*S. bicolor*	LOC8083635	*NPF*8. 5
104	*Theobroma cacao*	LOC18604584	*NPF*2. 10
105	*Vigna radiata*	LOC106769475	*NPF*2. 11
106	*Vigna unguiculata*	LOC114183755	*NPF*6. 1
107	*Zea mays*	LOC100384152	*NPF*6. 1
108	*Z. mays*	LOC103637665	*NPF*6. 3
109	*Z. mays*	gpm152	*NPF*8. 1
110	*Ziziphus jujuba*	LOC107429423	*NPF*3. 1
111	*Z. jujuba*	LOC107430660	*NPF*5. 6

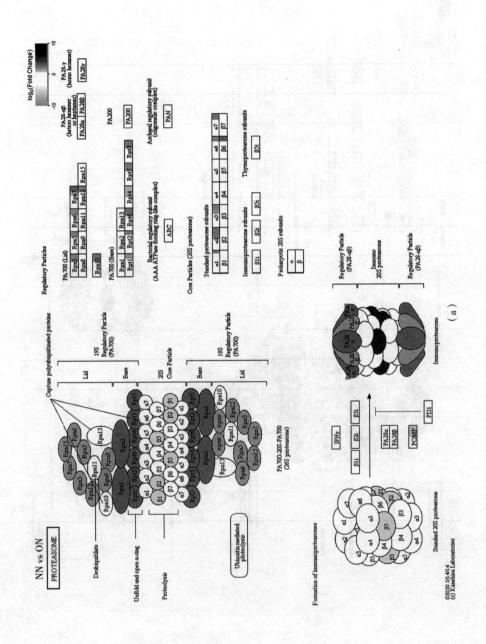

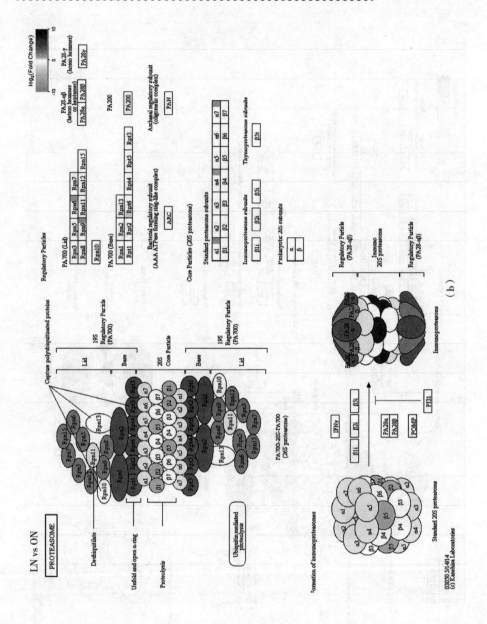

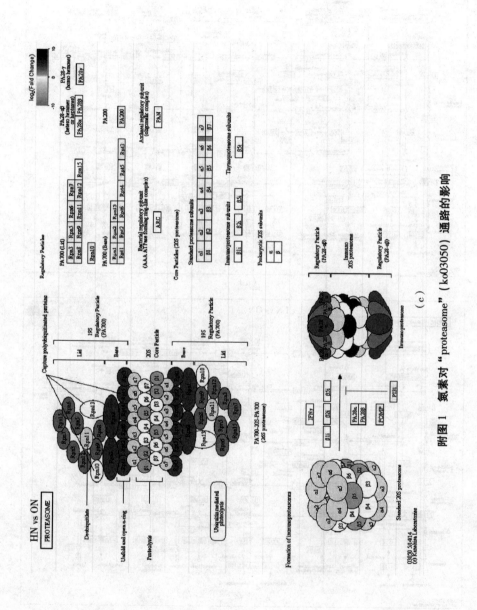

附图 1 氮素对 "proteasome" (ko03050) 通路的影响

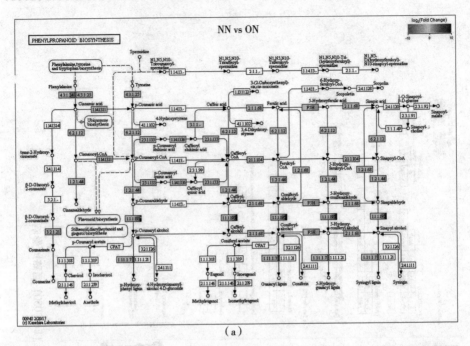

（a）

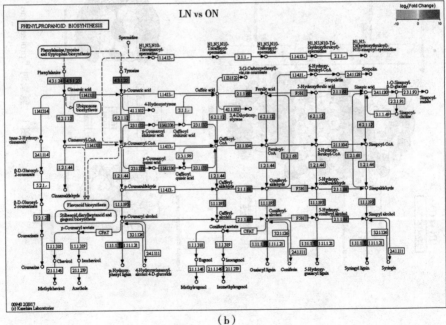

（b）

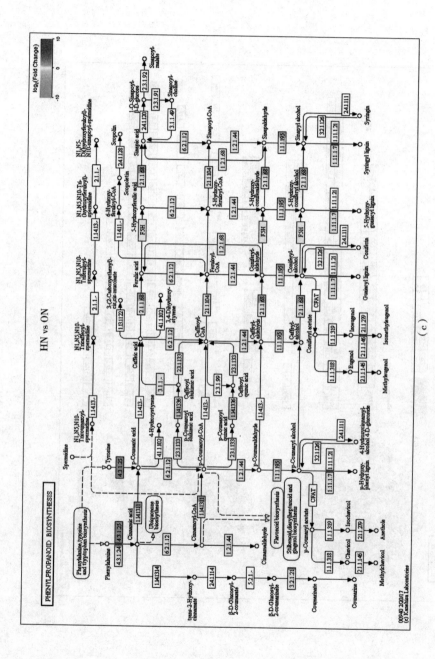

附图 2　氮素处理对 "phenylpropanoid biosynthesis"（ko00940）通路的影响

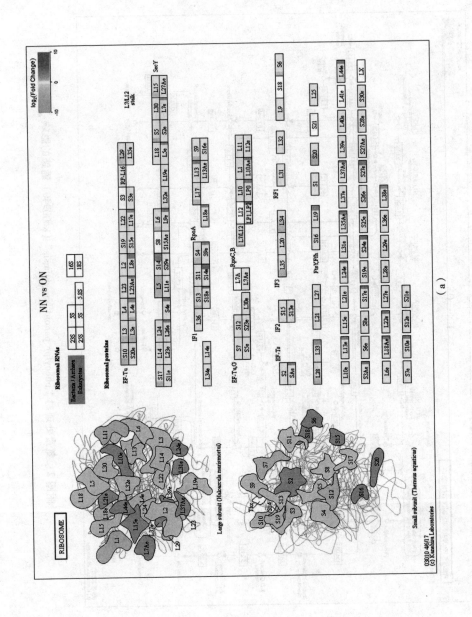

（a）

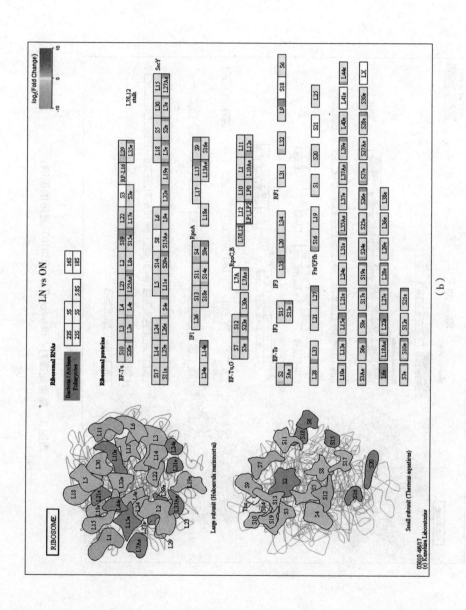

(b)

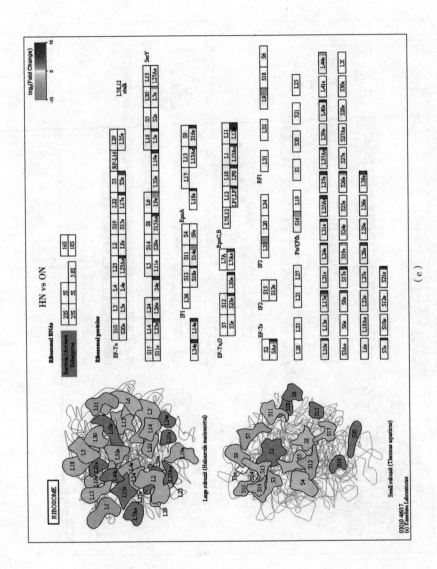

附图 3　氮素处理对 "ribosome" （ko03010）通路的影响

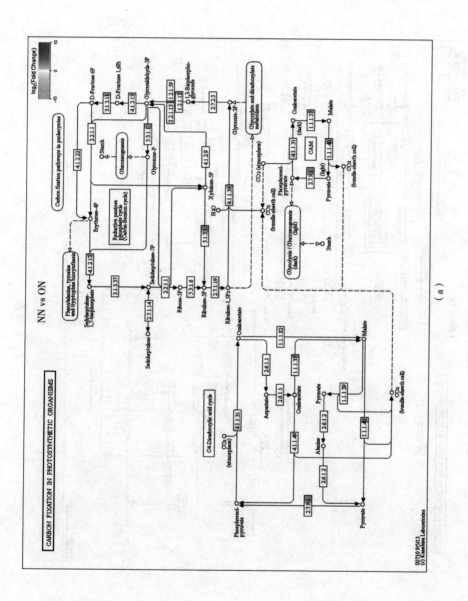

（a）

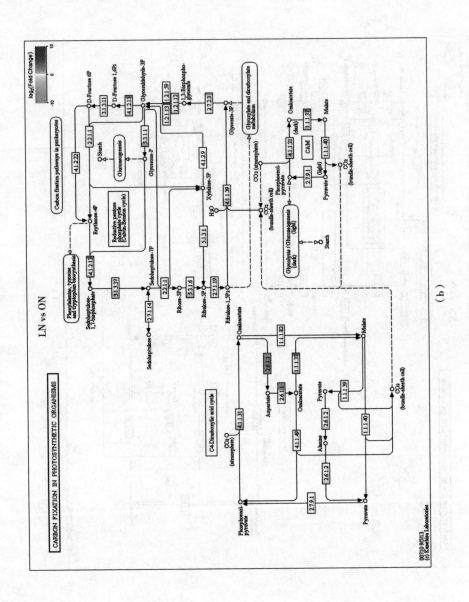

(b)

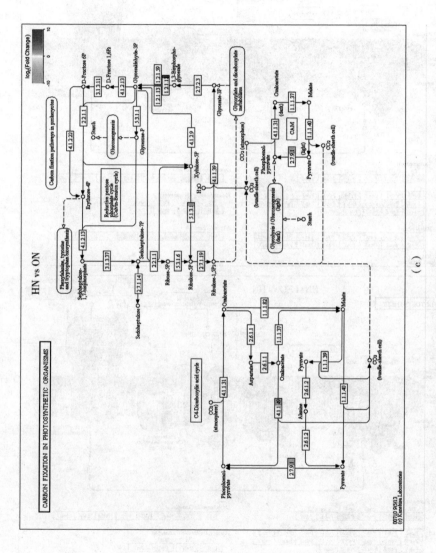

（c）

附图 4　氮素处理对 "carbon fixation in photosynthetic organisms"（ko00710）通路的影响

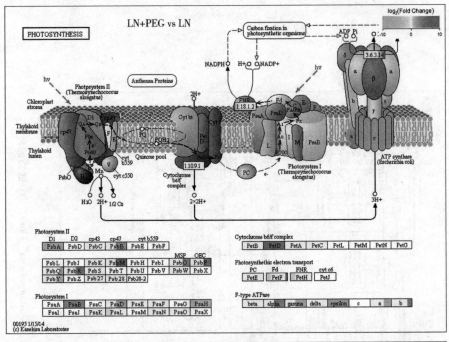

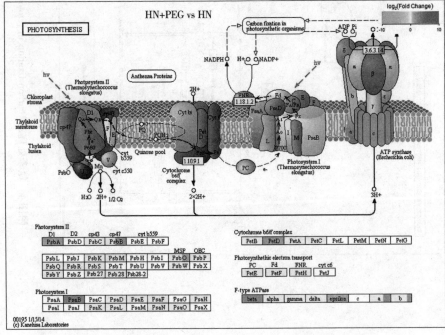

附图 5　水氮处理对"photosynthesis"（ko00195）通路的影响

参考文献

[1]GAN L,SU H T,LING X W,et al. Rust pathogen identification and mechanism of disease – resistance research on Kentucky bluegrass dwarf mutant[J]. Journal of Beijing Forestry University,2017,39(3):87 – 92.

[2]ARROBAS M,PARADA M J,MAGALHÃES P,et al. Nitrogen – use efficiency and economic efficiency of slow – release N fertilisers applied to irrigated turfs in a Mediterranean environment[J]. Nutrient Cycling in Agroecosystems,2011,89 (3):329 – 339.

[3]WANG W W,HAVER D,PATAKI D E. Nitrogen budgets of urban lawns under three different management regimes in Southern California[J]. Biogeochemistry, 2014,121:127 – 148.

[4]邵麟惠,李庆旭,刘自学,等. 北京地区 57 个冷季型禾草草坪品种的生态适应性评价[J]. 草业科学,2010,27(8):69 – 75.

[5]王婷,房媛媛,白小明,等. 修剪频率和留茬高度对草地早熟禾与多年生黑麦草混播草坪质量的影响[J]. 草原与草坪,2014(5):71 – 75.

[6]PIRNAJMEDIN F,MAJIDI M M,MAHDI G. Root and physiological characteristics associated with drought tolerance in Iranian tall fescue[J]. Euphytica, 2015,202(1):141 – 155.

[7]ALDOUS D E,HUNTER A,MARTIN P M,et al. Management of sports turf and amenity grasslands[J]. Horticulture:Plants for People and Places,2014,2: 731 – 761.

[8]刘光栋,吴文良. 高产农田土壤硝态氮淋失与地下水污染动态研究[J]. 中国生态农业学报,2003,11(1):91 – 93.

[9]KINLEY R D,GORDON R J,STRATTON G W. Soil test phosphorus as an indi-

cator of nitrate – nitrogen leaching risk in tile drainage water[J]. Bulletin of Environmental Contamination & Toxicology,2010,84(4):413 – 417.

[10] MASAKA J, NYAMANGARA J, WUTA M. Effect of inorganic and organic fertilizer application on nitrate leaching in wetland soil under field tomato (*Lycopersicon esculentum*) and leaf rape (*Brassica napus*)[J]. Agricultural Research,2015,4(1):63 – 75.

[11] STULEN I, DE KOK L J. Foreword:exploring interactions between sulfate and nitrate uptake at a whole plant level[J]. Sulfur Metabolism in Plants,2012,1:1 – 8.

[12] RITTER E,VESTERDAL L. Gap formation in Danish beech (*Fagus sylvatica*) forests of low management intensity:soil moisture and nitrate in soil solution [J]. European Journal of Forest Research,2006,125(2):139 – 150.

[13] LIVESLEY S J,DOUGHERTY B J,SMITH A J,et al. Soil – atmosphere exchange of carbon dioxide,methane and nitrous oxide in urban garden systems:impact of irrigation,fertiliser and mulch[J]. Urban Ecosystems,2010,13(3):273 – 293.

[14] JULIAN I S,EMMANUEL D,WOLF B F,et al. Using membrane transporters to improve crops for sustainable food production [J]. Nature,2013,497(7447):60 – 66.

[15] KROUK G,CRAWFORD N M,CORUZZI G M,et al. Nitrate signaling:adaptation to fluctuating environments[J]. Current Opinion in Plant Biology,2010,13(3):265 – 272.

[16] GUO T C,XUAN H M,YANG Y Y,et al. Transcription analysis of genes encoding the wheat root transporter *NRT*1 and *NRT*2 families during nitrogen starvation[J]. Journal of Plant Growth Regulation,2014,33(4):837 – 848.

[17] VERMA R,PANDEY R,SINGH A K,et al. Cloning and molecular characterization of high – affinity nitrate transporter gene *BjNRT*2. 1 from Indian mustard[J]. Indian Journal of Plant Physiology,2015,20(1):63 –71.

[18] HACHIYA T,MIZOKAMI Y,MIYATA K,et al. Evidence for a nitrate – independent function of the nitrate sensor *NRT*1. 1 in *Arabidopsis thaliana*[J]. Journal of Plant Research,2011,124(3):425 – 30.

[19]LIU K H,TSAY Y F. Switching between the two action modes of the dual – affinitynitrate transporter CHL1 by phosphorylation[J]. EMBO Journal,2003, 22(5):1005 – 1013.

[20]AI P H,SUN S B,ZHAO J N,et al. Two rice phosphate transporters,*OsPht*1;2 and *OsPht*1;6,have different functions and kinetic properties in uptake and translocation[J]. Plant Journal,2010,57(5):798 – 809.

[21]KONG K,MAKABE S,NTUI V O,et al. Synthetic chitinase gene driven by root – specific *LjNRT*2 and *AtNRT*2. 1 promoters confers resistance to *Fusarium oxysporum* in transgenic tobacco and tomato[J]. Plant Biotechnology Reports, 2014,8(2):151 – 159.

[22]ALMAGRO A,LIN S H,TSAY Y F. Characterization of the Arabidopsis nitrate transporter *NRT*1. 6 reveals a role of nitrate in early embryo development[J]. The Plant Cell,2008,20(12):3289 – 3299.

[23]FAN X R,TANG Z,TAN Y W,et al. Overexpression of a pH – sensitive nitrate transporter in rice increases crop yields[J]. Proceedings of the National Academy of Sciences of the United States of America,2016,113(26):7118 – 7123.

[24]CLÉMENT G,MOISON M,SOULAY F,et al. Metabolomics of laminae and midvein during leaf senescence and source – sink metabolite management in *Brassica napus* L. leaves[J]. Journal of Experimental Botany,2017,69(4): 891 – 903.

[25]ULLRICH W R. Uptake and reduction of nitrate:Agae and fungi[J]. Inorganic Plant Nutrition,1983,15:376 – 397.

[26]TOURAINE B,GLASS A D M. NO_3^- and ClO_3^- fluxes in the chl1 – 5 mutant of *Arabidopsis thaliana* – Does the *CHL*1 – 5 gene encode a low – affinity NO_3^- transporter? [J]. Plant Physiology,1997,114(1):137 – 144.

[27]李阳. 黄瓜高亲和硝酸盐转运蛋白基因 *CsNRT*2. 1 的表达、定位与功能分析[D]. 北京:中国农业大学,2018.

[28]TSAY Y F,SCHROEDER J I,FELDMANN K A,et al. The herbicide sensitivity gene *CHL*1 of Arabidopsis encodes a nitrate – inducible nitrate transporter [J]. Cell,1993,72(5):705 – 713.

[29]TSAY Y F,CHIU C C,TSAI C B,et al. Nitrate transporters and peptide

transporters[J]. FEBS Letters,2007,581(12):2290 - 2300.

[30]SOLCAN N,KWOK J,FOWLER P W,et al. Alternating access mechanism in the *POT* family of oligopeptide transporters [J]. EMBO Journal, 2014, 31 (16):3411 - 3421.

[31]SOPHIE L,VARALA K,BOYER J C,et al. A unified nomenclature of NI-TRATE TRANSPORTER 1/PEPTIDE TRANSPORTER family members in plants[J]. Trends in Plant Science,2014,19(1):5 - 9.

[32]BAGCHI R,SALEHIN M,ADEYEMO O S,et al. Functional assessment of the Medicago truncatula NIP/LATD protein demonstrates that it is a high - affinity nitrate transporter[J]. Plant Physiology,2012,160(2):906 - 916.

[33]FAN S C,LIN C S,HSU P K,et al. The Arabidopsis nitrate transporter *NRT*1. 7,expressed in phloem,is responsible for source - to - sink remobilization of nitrate[J]. Plant Cell,2009,21(9):2750 - 61.

[34]BO L,QIU J,MAHESWARI J,et al. *AtNPF*2. 5 modulates chloride efflux from roots of *Arabidopsis thaliana*[J]. Frontiers in Plant Science,2017,7.

[35]LI Y G,OUYANG J,WANG Y Y,et al. Disruption of the rice nitrate transporter *OsNPF*2. 2 hinders root - to - shoot nitrate transport and vascular development[J]. Scientific Reports,2015,5:9635.

[36]SEGONZAC C,BOYER J C,IPOTESI E,et al. Nitrate Efflux at the Root Plasma Membrane:Identification of an Arabidopsis Excretion Transporter [J]. Plant Cell,2007,19(11):3760 - 3777.

[37]LI S B,QIAN Q,FU Z M,et al. Short panicle1 encodes a putative *PTR* family transporter and determines rice panicle size[J]. Plant Journal,2010,58(4): 592 - 605.

[38]KARIM S,HOLMSTRÖM K O,MANDAL A,et al. AtPTR3,a wound - induced peptide transporter needed for defence against virulent bacterial pathogens in Arabidopsis[J]. Planta:An International Journal of Plant Biology,2007,225 (6):1431 - 1445.

[39]LÉRAN S, GARG B,BOURSIAC Y, et al. *AtNPF*5. 5,a nitrate transporter affecting nitrogen accumulation in Arabidopsis embryo[J]. Scientific Reports, 2015,5(5):7962.

[40]KROUK G,LACOMBE B,BIELACH A ,et al. Nitrate – regulated auxin transport by *NRT*1. 1 defines a mechanism for nutrient sensing in plants[J]. DevelopmentalCell,2010,18(6):927 – 937.

[41]MIGOCKA M, WARZYBOK A, KŁOBUS G. The genomic organization and transcriptional pattern of genes encoding nitrate transporters 1 (*NRT*1) in cucumber[J]. Plant and Soil,2013,364(1 – 2):245 – 260.

[42]YUSÉM, NAVARRO F J, JOSÉM S. Functional characterization of the *Arabidopsis thaiana* nitrate transporter *CHL*1 in the yeast *Hansenula polymorpha* [J]. Plant Molecular Biology,2008,68(3):215 – 224.

[43]WURINA T,AKIHIRO I,RYO T,et al. Polyamine resistance is increased by mutations in a nitrate transporter gene *NRT*1. 3 (AtNPF6. 4) in *Arabidopsis thaliana*[J]. PhytoKeys,2016,7:834.

[44]LI J Y,FU Y L,PIKE S M,et al. The arabidopsis nitrate transporter *NRT*1. 8 functions in nitrate removal from the xylem sap and mediates cadmium tolerance[J]. Plant Cell,2010,22(5):1633 – 1646.

[45]CHEN C Z,LV X F,LI J Y,et al. Arabidopsis *NRT*1. 5 is another essential component in the regulation of nitrate reallocation and stress tolerance[J]. Plant Physiology,2012,159(4):1582 – 1590.

[46]WANG J,LU K,NIE H P,et al. Rice nitrate transporter *OsNPF*7. 2 positively regulates tiller number and grain yield[J]. Rice,2018,11(1):12.

[47]HUANG W T,BAI G X,WANG J,et al. Two splicing variants of *OsNPF*7. 7 regulateshoot branching and nitrogen utilization efficiency in rice[J]. Frontiers in Plant Science,2018,9:300.

[48]KOMAROVA N Y,THOR K,GUBLER A,et al. *AtPTR*1 and *AtPTR*5 transport dipeptides in planta[J]. Plant Physiology,2008,148(2):856 – 869.

[49]TANG Z,CHEN Y,CHEN F,et al. *OsPTR*7(*OsNPF*8. 1) , a putative peptide transporter in rice, is involved in dimethylarsenate accumulation in rice grain [J]. Plant and Cell Physiology,2017,58(5):904 – 913.

[50]KANT S,BI Y M,ROTHSTEIN S J. Understanding plant response to nitrogen limitation for the improvement of crop nitrogen use efficiency[J]. Journal of Experimental Botany,2011,62(4):1499 – 1509.

[51] FRAISIER V, DORBE M F, DANIEL – VEDELE F. Identification and expression analyses of two genes encoding putative low – affinity nitrate transporters from *Nicotiana plumbaginifolia*[J]. Plant Molecular Biology,2001,45 (2):181 – 190.

[52] GUO C J,CHANG W S,GU J T,et al. Molecular characterization,transcriptional regulation and function analysis of nitrate transporters in plants[J]. Frontiers of Agriculture in China,2011,5(3):291 – 298.

[53] JESÚS R,LLAMAS A,EMILIO F,et al. The activity of the high – affinity nitrate transport system I (*NRT2;1, NAR2*) is responsible for the efficient signalling of nitrate assimilation genes in *Chlamydomonas reinhardtii*[J]. Planta,2002,215(4):606 – 611.

[54] YAN M,FAN X R,FENG H M,et al. Rice *OsNAR2*. 1 interacts with *OsNRT2*. 1, *OsNRT2*. 2 and *OsNRT2*. 3*a* nitrate transporters to provide uptake over high and low concentration ranges[J]. Plant, Cell & Environment,2011,34(8): 1360 – 1372.

[55] LEZHNEVA L,KIBA T,FERIA – BOURRELLIER A B,et al. The Arabidopsis nitrate transporter *NRT2*. 5 plays a role in nitrate acquisition and remobilization in nitrogen – starved plants[J]. Plant Journal,2014,80(2):230 – 241.

[56] ORSEL M,KRAPP A,DANIEL – VEDELE F. Analysis of the NRT2 nitrate transporter family in Arabidopsis. Structure and gene expression[J]. Plant Physiology,2002,129(2):886 – 896.

[57] GELLI M,DUO Y C,KONDA A F,et al. Identification of differentially expressed genes between sorghum genotypes with contrasting nitrogen stress tolerance by genome – wide transcriptional profiling[J]. BMC Genomics, 2014,15(1):179.

[58] JULIE D,ORIANE P,ANNE K,et al. Characterization of the *Nrt2*. 6 gene in *Arabidopsis thaliana*:A link with plant response to biotic and abiotic stress[J]. PLoS ONE,2012,7(8):e42491.

[59] BELLEGARDE F,LÉO H,DAVID S,et al. Polycomb Repressive Complex 2 attenuatesthe very high expression of the Arabidopsis gene *NRT2*. 1[J]. Scientific Reports,2018,8(1):7905.

[60]WANG J,HÜNER N,TIAN L N. Identification and molecular characterization of the *Brachypodium distachyon NRT2* family,with a major role of *BdNRT2*. 1 [J]. Physiologia Plantarum,2019,165(3):498 – 510.

[61]CÉLINE D,THOMAS L,AURÉLIE C,et al. Nitrogen recycling and remobilization are differentially Controlled by leaf senescence and development stage in Arabidopsis under low nitrogen nutrition[J]. Plant Physiology,2008,147(3): 1437 – 1449.

[62] GUIBOILEAU A,YOSHIMOTO K,SOULAY F,et al. Autophagy machinery controlsnitrogen remobilization at the whole – plant level under both limiting and ample nitrate conditions in Arabidopsis[J]. New Phytologist,2012,194 (3):732 – 740.

[63]TEGEDER M,MASCLAUX – DAUBRESSE C. Source and sink mechanisms of nitrogen transport and use[J]. New Phytologist,2017,217(1):35 – 53.

[64]TEGEDER M. Transporters for amino acids in plant cells:some functions and many unknowns [J]. Current Opinion in Plant Biology, 2012, 15 (3): 315 – 321.

[65]XU G H,FAN X R,Miller A J. Plant nitrogen assimilation and use efficiency [J]. Annual Review of Plant Biology,2012,63(1):153 – 182.

[66]VAHABI K,REICHELT M,SCHOLZ S S,et al. *Alternaria brassicae* induces systemic jasmonate responses in Arabidopsis which travel to neighboring plants via a *Piriformsopora indica* Hyphal network and activate abscisic acid responses [J]. Frontiers in Plant Science,2018,9:626.

[67]HSU P K,TSAY Y F. Two phloem nitrate transporters,*NRT1*. 11 and *NRT1*. 12,are important for redistributing xylem – borne nitrate to enhance plant growth[J]. Plant Physiology,2013,163(2):844 – 856.

[68]KIBA T,FERIA – BOURRELLIER A B,LAFOUGE F,et al. The Arabidopsis nitrate transporter *NRT2*. 4 plays a double role in roots and shoots of nitrogen – starved plants[J]. Plant Cell,2012,24(1):245 – 258.

[69]OKUMOTO S,PILOT G. Amino acid export in plants:A missing link in nitrogen cycling[J]. Molecular Plant,2011,4(3):453 – 463.

[70]CALATRAVA V,CHAMIZO – AMPUDIA A,SANZ – LUQUE E,et al. How

Chlamydomonas handles nitrate and the nitric oxide cycle[J]. Journal of Experimental Botany,2017,68(10):2593 - 2602.

[71]CHEN J G,ZHANG Y,TAN Y W,et al. Agronomic nitrogen - use efficiency of rice can be increased by driving *OsNRT*2. 1 expression with the *OsNAR*2. 1 promoter[J]. Plant Biotechnology Journal,2016,14(8):1705 - 1715.

[72]RIZZARDO C,TOMASI N,MONTE R,et al. Cadmium inhibits the induction of high - affinity nitrate uptake in maize (*Zea mays* L.) roots[J]. Planta,2012, 236(6):1701 - 1712.

[73]MARTÍNEZ - CARRASCO R,PÉREZ P,MORCUENDE R. Interactive effects of elevated CO_2,temperature and nitrogen on photosynthesis of wheat grown under temperature gradient tunnels[J]. Environmental and Experimental Botany,2006,54(1):49 - 59.

[74]BASSI D,MENOSSI M,MATTIELLO L. Nitrogen supply influences photosynthesis establishment along the sugarcane leaf[J]. Scientific Reports,2018,8 (1):2327.

[75]LID D,TIAN M Y,CAI J,et al. Effects of low nitrogen supply on relationships between photosynthesis and nitrogen status at different leaf position in wheat seedlings[J]. Plant Growth Regulation,2013,70(3):257 - 263.

[76]SANTACHIARA G,BORRÁS L,SALVAGIOTTI F,et al. Relative importance of biological nitrogen fixation and mineral uptake in high yielding soybean cultivars[J]. Plant and Soil,2017,418(1 - 2):191 - 203.

[77]QIAO J,YANG L Z,YAN T M,et al. Rice dry matter and nitrogen accumulation,soil mineral N around root and N leaching,with increasing application rates of fertilizer[J]. European Journal of Agronomy,2013,49:93 - 103.

[78]张国伟,杨长琴,倪万潮,等. 施氮量对麦后直播棉氮素吸收利用的影响 [J]. 应用生态学报,2016,27(1):157 - 164.

[79]LIU C G,WANG Y J,PAN K W,et al. Carbon and nitrogen metabolism in leaves and roots of dwarf bamboo (*Fargesia denudata* Yi) subjected to drought for two consecutive uears during sprouting period[J]. Journal of Plant Growth Regulation,2014,33(2):243 - 255.

[80]DAGMAR P,WILHELMOVÁ N. Nitric oxide,reactive nitrogen species and

associated enzymes during plant senescence[J]. Nitric Oxide:Biology and Chemistry,2011,24(2):61 – 65.

[81]AGNIHOTRI A,SETH C S. Exogenously applied nitrate improves the photosynthetic performance and nitrogen metabolism in tomato (*Solanumly copersicum* L. cv Pusa Rohini*) under arsenic (V) toxicity[J]. Physiology and Molecular Biology of Plants,2016,22(3):341 – 349.

[82]陈继康,谭龙涛,喻春明,等. 不同氮素水平对饲用苎麻氮代谢关键酶的影响[J]. 草业学报,2017,26(10):207 – 218.

[83]QIAO F,ZHANG X M,LIU X,et al. Elevated nitrogen metabolism and nitric oxide production are involved in,Arabidopsis,resistance to acid rain[J]. Plant Physiology and Biochemistry,2018,127:238 – 247.

[84]DONG H Z,LI W J,ENEJI A E,et al. Nitrogen rate and plant density effects on yield and late – season leaf senescence of cotton raised on a saline field [J]. Field Crops Research,2012,126:137 – 144.

[85]MANTER D K,KAVANAGH K L,ROSE C L. Growth response of Douglas – fir seedlings to nitrogen fertilization:importance of Rubisco activation state and respiration rates[J]. Tree Physiology,2005,25(8):1015 – 1021.

[86]LI G,CAMPBELL D A. Interactive effects of nitrogen and light on growth rates and Rubisco content of small and large centric diatoms[J]. Photosynthesis Research,2017,131(1):93 – 103.

[87]WRIGHT S J,YAVITT J,WURZBURGER N,et al. Potassium,phosphorus,or nitrogen limit root allocation,tree growth,or litter production in a lowland tropicalforest[J]. Ecology,2011,92(8):1616 – 1625.

[88]徐优,邓久英,王学华. 水肥耦合及其对水稻生长与 N 素利用效率的影响研究进展[J]. 农业科学与技术(英文版),2015(4):737 – 744.

[89]金轲,汪德水,蔡典雄,等. 旱地农田肥水耦合效应及其模式研究[J]. 中国农业科学,1999,32(5):104 – 106.

[90]付秋萍. 黄土高原冬小麦水氮高效利用及优化耦合研究[D]. 北京:中国科学院大学,2013.

[91]徐国伟,陆大克,王贺正,等. 施氮和干湿灌溉对水稻抽穗期根系分泌有机酸的影响[J]. 中国生态农业学报,2018,26(4):516 – 525.

[92]EL - RAMADY H R. Integrated Nutrient Management and Postharvest of Crops [M]. Springer International Publishing,2013.

[93]CHOI W J, HAN G H, RO H M, et al. Evaluation of nitrate contamination sources of unconfined groundwater in the North Han River basin of Korea using nitrogen isotope ratios[J]. Journal of Geosciences,2002,6(1):47 - 55.

[94]王平,陈新平,张福锁,等. 不同水氮处理对棉田氮素平衡及土壤硝态氮移动的影响[J]. 中国农业科学,2011,44(5):946 - 955.

[95]冯鹏,王晓娜,王清郦,等. 水肥耦合效应对玉米产量及青贮品质的影响[J]. 中国农业科学,2012,45(2):376 - 384.

[96]JIA X C, SHAO L J, LIU P, et al. Effect of different nitrogen and irrigation treatments on yield and nitrate leaching of summer maize (*Zea mays* L.) under lysimeter conditions [J]. Agricultural Water Management, 2014, 137: 92 - 103.

[97]杨建昌,王志琴,朱庆森. 不同土壤水分状况下氮素营养对水稻产量的影响及其生理机制的研究[J]. 中国农业科学,1996,29(4):58 - 66.

[98]王孟雪,张忠学. 适宜节水灌溉模式抑制寒地稻田 N_2O 排放增加水稻产量[J]. 农业工程学报,2015,31(15):72 - 79.

[99]刘世全,曹红霞,张建青,等. 不同水氮供应对小南瓜根系生长、产量和水氮利用效率的影响[J]. 中国农业科学,2014,47(7):1362 - 1371.

[100]栗丽,洪坚平,王宏庭,等. 水氮处理对冬小麦生长、产量和水氮利用效率的影响[J]. 应用生态学报,2013,24(5):1367 - 1373.

[101]李志勇,陈建军,陈明灿. 不同水肥条件下冬小麦的干物质积累产量及水氮利用效率[J].麦类作物学报,2005,25(5):80 - 83.

[102]孙永健. 水氮互作对水稻产量形成和氮素利用特征的影响及其生理基础[D]. 成都:四川农业大学,2010.

[103]倪瑞军. 藜麦的生理生态指标及产量对水氮互作的可塑性响应[D]. 太原:山西师范大学,2016.

[104]ZAMAN M, KUREPIN L V, CATTO W, et al. Evaluating the use of plant hormones and biostimulators in forage pastures to enhance shoot dry biomass production by perennial ryegrass (*Lolium perenne* L.) [J]. Journal of the Science of Food and Agriculture, 2016, 96(3):715 - 726.

[105]SAKAKIBARA H,TAKEI K,HIROSE N. Interactions between nitrogen and cytokinin in the regulation of metabolism and development[J]. Trends in Plant Science, 2006, 11(9):440 – 448.

[106]VIDAL E A, ARAUS V, LU C, et al. Nitrate – responsive *miR393/AFB3* regulatory module controls root system architecture in *Arabidopsis thaliana* [J]. Proceedings of the National Academy of Sciences of the United States of America, 2010, 107(9):4477 – 4482.

[107]钟楚,曹小闯,朱练峰,等. 稻田干湿交替对水稻氮素利用率的影响与调控研究进展[J]. 农业工程学报, 2016, 32(19):139 – 147.

[108]GHANEM M E, MARTÍNEZ – ANDÚJAR C, ALBACETE A, et al. Nitrogen form alters hormonal balance in salt – treated tomato (*Solanum lycopersicum* L.)[J]. Journal of Plant Growth Regulation, 2011, 30(2):144 – 157.

[109]XU G H, FAN X R, MILLER A J. Plant nitrogen assimilation and use efficiency[J]. Annual Review of Plant Biology, 2012, 63(1):153 – 182.

[110]CHEN Y J,CHEN Y,SHI Z J,et al. Biosynthesis and signal transduction of ABA, JA and BRs in response to drought stress of kentucky bluegrass[J]. International Journal of Molecular Sciences,2019,20(6):1289.

[111]王慧,张民,尹秀华,等. 控释肥在黑麦草草坪中氮素淋失的研究[J]. 水土保持学报,2009,23(1):64 – 67.

[112]WHERLEY B G,SINCLAIR T R,DUKES M D,et al. Nitrogen and cutting height influence root development during warm – season turfgrass sod establishment[J]. Agronomy Journal,2011,103(6):1629 – 1634.

[113]MANGIAFICO S S,GUILLARD K. Cool – season turfgrass color and growth calibrated to leaf nitrogen[J]. Crop Science,2007,47(3):1217 – 1224.

[114]SOUSSANA J F,TEYSSONNEYRE F,PICON – COCHARD C,et al. A trade – off between nitrogen uptake and use increases responsiveness to elevated CO_2 in infrequently cut mixed C3 grasses[J]. New Phytologist,2005,166(1):217 – 230.

[115]韩朝,董慧,常智慧. 污泥对干旱条件下高羊茅氮素利用的影响[J]. 北京林业大学学报,2014(4):82 – 87.

[116]阿芸,师尚礼,李文,等. 紫花苜蓿与草地早熟禾轮作序列土壤氮素时空

动态变化差异[J]. 草业科学,2019,36(2):304 – 313.

[117]JIANG Z C,HULL R J. Interrelationships of nitrate uptake, nitrate reductase and nitrogen use efficiency in selected kentucky bluegrass cultivars[J]. Crop Science,1998,38:1623 – 1632

[118]JIANG Z C, HULL R J, SULLIVAN W M. Nitrate uptake and reduction in C3 and C4 grass[J]. Journal of Plant Nutrition. 2002, 25(6):1303 – 1314

[119]JIANG Z C, SULLIVAN W M,HULL R J. Nitrate uptake and nitrogen use efficiency by kentucky bluegrass cultivars[J]. HortScience,2000, 35(7): 1350 – 1354

[120]李静静,陈雅君,张璐,等. 水氮交互作用对草地早熟禾生理生化与坪用质量的影响[J]. 中国草地学报,2016,38(4):42 – 48.

[121]宋航,闫庆伟,巴雅尔图,等. 水氮交互对草地早熟禾叶绿素荧光和 RuBisCO 酶活力的影响[J]. 中国草地学报,2017,39(5):31 – 38.

[122]阮松林,马华升,王世恒,等. 植物蛋白质组学研究进展 Ⅱ. 蛋白质组技术在植物生物学研究中的应用[J]. 遗传,2006,28(12):1633 – 1648.

[123]张怡,李成伟. 酵母异源功能互补在植物基因克隆中的应用[J]. 生物技术通报,2010(7):14 – 21.

[124]MA D M,XU W R,LI H W,et al. Co – expression of the Arabidopsis *SOS* genes enhances salt tolerance in transgenic tall fescue (*Festuca arundinacea* Schreb.)[J]. Protoplasma,2014,251(1):219 – 231.

[125]JING L I,QI W U,ZHANG L J,et al. Cloning and expression profiles of a transcription factor gene *Zj DREB*4.1 in *Zoysia japonica* under adversity[J]. Biotechnology Bulletin,2017.

[126]ZHOU P,ZHU Q,XU J C,et al. Cloning and characterization of a gene, *AsEXP*1,encoding expansin proteins inducible by heat stress and hormones in creeping bentgrass[J]. Crop Science,2011,51(1):333 – 341.

[127]ZHANG Y,LIANG C Y,XU Y,et al. Effects of ipt gene expression on leaf senescenceinduced by nitrogen or phosphorus deficiency in creeping bentgrass [J]. Journal of the American Society for Horticultural ,2010,135(2): 108 – 115.

[128]TAMURA K,YAMADA T. A perennial ryegrass CBF gene cluster is located

in a region predicted by conserved synteny between Poaceae species[J]. Theoretical and Applied Genetics,2007,114(2):273 – 283.

[129]信金娜. 草地早熟禾(*Poa pratensis* L.)抗旱耐盐基因遗传转化[D]. 北京:北京林业大学,2006.

[130]任清. 早熟禾中 DREB 基因的克隆及特性分析[D]. 北京:中国农业科学院,2005.

[131]XU L X,HAN L B,HUANG B R. Antioxidant enzyme activities and gene expression patterns in leaves of kentucky bluegrass in response to drought and post – drought recovery[J]. Journal of the American Society for Horticultura Science,2011,136(4):247 – 255.

[132]檀鹏辉,李俊,陈小云,等. 草地早熟禾 *PpGA2ox* 基因的克隆、亚细胞定位及表达分析[J]. 中国草地学报,2017,39(3):8 – 14,30.

[133]李伟. 草地早熟禾转录因子基因 *PpNAC* 的克隆和表达分析[D]. 北京:中国林业科学院,2011.

[134]胡兴龙. 草坪草抗旱生理及相关基因的分析[D]. 上海:上海交通大学,2010.

[135]PANG ,YE C Y,XIA X L,et al. *De novo* sequencing and transcriptome analysis of the desert shrub, *Ammopiptanthus mongolicus*, during cold acclimation using Illumina/Solexa[J]. BMC Genomics,2013,14(1):488.

[136]GRABHERR M G,HAAS B J,YASSOUR M,et al. Full – length transcriptome assembly from RNA – seq data without a reference genome[J]. Nature Biotechnology,2011,29(7):644.

[137]LI H Y,HU T,AMOMBO E,et al. Transcriptome profilings of two tall fescue (*Festuca arundinacea*) cultivars in response to lead(Pb) stress[J]. BMC Genomics,2017,18(1):145.

[138]WANG Y,DAI Y,TAO X,et al. Heat shock factor genes of tall fescue and perennial ryegrass in response to temperature Stress by RNA – seq analysis [J]. Frontiers in Plant Science,2016,6:1226.

[139]BUSHMAN B S,AMUNDSEN K L,WARNKE S E,et al. Transcriptome profiling of Kentucky bluegrass(*Poa pratensis* L.) accessions in response to salt stress[J]. BMC Genomics,2016,17(1):48.

[140] NI Y,GUO N,ZHAO Q L,et al. Identification of candidate genes involved in wax deposition in *Poa pratensis* by RNA – seq[J]. BMC Genomics,2016,17 (1):314.

[141] 冷暖,刘晓巍,张娜,等. 草地早熟禾干旱胁迫转录组差异性分析[J]. 草业学报,2017,26(12):128 – 137.

[142] TENG K Q,LI J Z,LIU L,et al. Exogenous ABA induces drought tolerance in upland rice:The role of chloroplast and ABA biosynthesis – related gene expression on photosystem Ⅱ during PEG stress[J]. Acta Physiologiae Plantarum,2014,36(8):2219 – 2227.

[143] LI J J,LI Y,YIN Z G,et al. OsASR5 enhances drought tolerance through a stomatal closure pathway associated with ABA and H_2O_2 signaling in rice[J]. Plant Biotechnology Journal,2017,15(2),183 – 196.

[144] HAAS B J,PAPANICOLAOU A,YASSOUR M,et al. *De novo* transcript sequence reconstruction from RNA – seq using the Trinity platform for reference generation and analysis[J]. Nature Protocols Erecipes for Research, 2013,8 (8),1494 – 1512.

[145] GÖTZ S,GARCÍA – GÓMEZ J M,TEROL J,et al. High – throughput functional annotation and data mining with the Blast2GO suite[J]. Nucleic Acids Research,2008,36(10),3420 – 3435.

[146] KANEHISA M,GOTO S,KAWASHIMA S,et al. The KEGG resource for deciphering the genome[J]. Nucleic Acids Research,2004,32(1),277 – 280.

[147] WAGNER G P,KIN K,LYNCH V J. Measurement of mRNA abundance using RNA – seq data:RPKM measure is inconsistent among samples[J]. Theory in Biosciences,2012,131(4),281 – 285.

[148] HARDCASTLE T J,KELLY K A. baySeq:Empirical Bayesian methods for identifying differential expression in sequence count data[J]. BMC Bioinformatics,2010,11(1):422.

[149] RITCHIE M E,PHIPSON B,WU D,et al. Limma powers differential expression analyses for RNA – sequencing and microarray studies[J]. Nucleic Acids Research,2015,43(7),e47.

[150] LIVAK K J,SCHMITTGEN T D. Analysis of relative gene expression data

using real – time quantitative PCR and the $2^{-\triangle\triangle Ct}$ method[J]. Methods, 2001,25(4),402 – 408.

[151]SONG Y,WANG Y,GUO D D,et al. Selection of reference genes for quantitative real – time PCR normalization in the plant pathogen *Puccinia helianthi* Schw. [J]. BMC Plant Biology,2019,19(1).

[152]ZHANG Y T,PENG X R,LIU Y,et al. Evaluation of suitable reference genes for qRT – PCR normalization in strawberry (*Fragaria × ananassa*) under different experimental conditions[J]. BMC Molecular Biology,2018,19(1):8.

[153]HU Y B,FERNÁNDEZ V,MA L. Nitrate transporters in leaves and their potential roles in foliar uptake of nitrogen dioxidea[J]. Frontiers in Plant Science,2014,5:360.

[154]WANG J,HÜNER N,TIAN L N. Identification and molecular characterization of the *Brachypodium distachyon NRT*2 family,with a major role of BdNRT2.1 [J]. Physiologia Plantarum,2019,165(3):498 – 510.

[155]LI Y,LI J Q,YAN Y,et al. Knock – Down of *CsNRT2*.1,a Cucumber nitrate transporter,reduces nitrate uptake,root length,and lateral root number at low external nitrate concentration[J]. Frontiers in Plant Science,2018,9:722.

[156]YAN M,FAN X R,FENG H M,et al. Rice *OsNAR2*.1 interacts with *OsNRT2*.1, *OsNRT2*.2 and *OsNRT2*.3*a* nitrate transporters to provide uptake over high and low concentration ranges[J]. Plant Cell and Environment,2011,34(8): 1360 – 1372.

[157]CHIU C C,LIN C S,HSIA A P,et al. Mutation of a nitrate transporter,*AtNRT*1:4,results in a reduced petiole nitrate content and altered leaf development[J]. Plant and Cell Physiology,2004,45(9):1139 – 1148.

[158]LIN S H,KUO H F,CANIVENC G,et al. Mutation of the Arabidopsis *NRT*1. 5 nitrate transporter causes defective root – to – shoot nitrate transport[J]. Plant Cell Online,2008,20(9):2514 – 2528.

[159]WANG Y Y,TSAY Y F. Arabidopsis nitrate transporter *NRT*1.9 is important in phloem nitrate transport[J]. Plant Cell,2011,23(5):1945 – 1957.

[160]VIDMAR J J,ZHUO D G,SIDDIQI M Y,et al. Isolation and characterization of *HvNRT2*.3 and HvNRT2.4,cDNAs encoding high – affinity nitrate trans-

porters from roots of barley[J]. Plant Physiology,2000,122,783 – 792.

[161]QUESADA A,KRAPP A,TRUEMAN L J,et al. PCR – identification of a *Nicotiana plumbaginifolia* cDNA homologous to the high – affinity nitrate transporters of the crnA family [J]. Plant Molecular Biology, 1997, 34 (2): 265 – 274.

[162]OKAMOTO M,VIDMAR J J,GLASS A D M. Regulation of NRT1 and *NRT*2 gene families of *Arabidopsis thaliana*:responses to nitrate provision[J]. Plant and Cell Physiology,2003,44(3):304 – 317.

[163]LI W B,WANG Y,OKAMOTO M,et al. Dissection of the *AtNRT*2. 1:*AtNRT*2. 2 inducible high – affinity nitrate transporter gene cluster[J]. Plant Physiology,2007,143(1):425 – 433.

[164]LIU T K, DAI W, SUN F F, et al. Cloning and characterization of the nitrate transporter gene *BraNRT*2. 1 in non – heading Chinese cabbage[J]. Acta Physiologiae Plantarum, 2014, 36(4):815 – 823.

[165]LI Y, LI J Q, YAN Y, et al. Knock – down of *CsNRT*2. 1, a cucumber nitrate transporter, reduces nitrate uptake, root length, and lateral root number at low external nitrate concentration[J]. Frontiers in Plant Science, 2018, 9: 722.

[166]GU C S,SONG A P,ZHANG X X,et al. Cloning of chrysanthemum high – affinitynitrate transporter family (CmNRT2) and characterization of *CmNRT*2. 1 [J]. Scientific Reports,2016,6(1):23462.

[167]BOURION V,MARTIN C,DE LARAMBERGUE H,et al. Unexpectedly low nitrogen acquisition and absence of root architecture adaptation to nitrate supply in a *Medicago truncatula* highly branched root mutant[J]. Journal of Experimental Botany,2014,65(9):2365 – 2380.

[168]GIRIN T,WIRTH J,PALENCHAR P M,et al. Identification of a 150 bp cis – acting element of the *AtNRT*2. 1 promoter involved in the regulation of gene expression by the N and C status of the plant[J]. Plant Cell & Environment, 2010,30(11):1366 – 1380.

[169]KATAYAMA H,MORI M,KAWAMURA Y,et al. Production and characterization of transgenic rice plants carrying a high – affinity nitrate transporter

gene (*OsNRT*2. 1)[J]. Breeding Science,2009,59(3):237 –243.

[170]IBRAHIM A, JIN X L, ZHANG Y B, et al. Tobacco plants expressing the maize nitrate transporter *ZmNrt*2. 1 exhibit altered responses of growth and gene expression to nitrate and calcium[J]. Botanical Studies, 2017, 58(1):51

[171]顾春笋. 菊花 *CmNRTs* 基因的克隆及功能鉴定[D]. 南京:南京农业大学, 2012

[172]黄化刚,申燕,王卫峰,等. 烟草硝酸盐转运蛋白基因 *NtNRT*2. 4 的克隆及表达分析[J]. 中国烟草学报,2016(1):84 –91.

[173]JØRGENSEN M E, OLSEN C E, HALKIER B A, et al. Phosphorylation at serine 52 and 635 does not alter the transport properties of glucosinolate transporter *AtGTR*1[J]. Plant Signaling Behavior,2016,11(2):e1071751.

[174]管灵霞,樊婷婷,倪娇娇,等. 拟南芥 *PTR*3 基因过表达载体构建及转基因植株的获得[J]. 安徽农业科学,2006(11):129 –131.

[175]DROCE A, SRENSEN J L, SONDERGAARD T E, et al. *PTR*2 peptide transportersin, *Fusarium graminearum*, influence secondary metabolite production and sexual development[J]. Fungal Biology,2017,121(5):515 –527.

[176]HAUSER M,KAUFFMAN S,NAIDER F,et al. Substrate preference is altered by mutations in the fifth transmembrane domain of Ptr2,the di/tri – peptide transporter of *Saccharomyces cerevisiae*[J]. Molecular Membrane Biology, 2005,22(3):215 –227.

[177]DIETRICH D, HAMMES U, THOR K, et al. AtPTR1, a plasma membrane peptide transporter expressed during seed germination and in vascular tissue of Arabidopsis[J]. The Plant Journal,2004,40(4):488 –499.

[178]NOUR – ELDIN H H, ANDERSEN T G, BUROW M, et al. *NRT/PTR* transporters are essential for translocation of glucosinolate defence compounds to seeds[J]. Nature,2012,488(7412):531 –534.

[179]DAVID L C,BERQUIN P,KANNO Y,et al. N availability modulates the role of *NPF*3. 1,a gibberellin transporter,in GA – mediated phenotypes in Arabidopsis[J]. Planta,2016,244(6):1315 –1328.

[180]BOUGUYON E, BRUN F, MEYNARD D,et al. Multiple mechanisms of nitrate sensing by Arabidopsis nitrate transceptor *NRT*1. 1[J]. Nature Plants,

2015,1(1):15015.

[181]PELLIZZARO A,CLOCHARD T,CUKIER C,et al. The nitrate transporter MtNPF6.8 (MtNRT1.3) transports abscisic acid and mediates nitrate regulation of primary root growth in Medicago truncatula[J]. Plant Physiology, 2014,166(4):2152 –2165.

[182]CHEN S Y,HOU J,LI C F,et al. Influence of inhibitors of nucleic acid synthesis and protein synthesis on glutamine synthetase gene expression induced by nitrogen in sugar beet(Beta vulgaris L.)[J]. Acta Agronomica Sinica, 2009,35(3):445 –451.

[183]DRECHSLER N,ZHENG Y,BOHNER A,et al. Nitrate – dependent control of shoot K homeostasis by the nitrate transporter1/peptide transporter family member NPF7.3/NRT1.5 and the stelar K^+ outward rectifier SKOR in Arabidopsis[J]. Plant Physiology,2015,169(4):2832 –2847.

[184]ZHENG Y,DRECHSLER N,RAUSCH C,et al. The Arabidopsis nitrate transporter NPF7.3/NRT1.5 is involved in lateral root development under potassium deprivation [J]. Plant Signaling & Behavior, 2016, 11 (5):e1176819.

[185]HE M Z,DIJKSTRA F A. Drought effect on plant nitrogen and phosphorus:a meta – analysis[J]. New Phytologist,2014,204(4):924 –931.

[186]HOSEINLOU S H,EBADI A,GHAFFARI M,et al. Nitrogen use efficiency under water deficit condition in spring barley[J]. International Journal of Agronomy and Plant Production,2013,4,3681 –3687.

[187]KOPP K L,GUILLARD K. Clipping Management and nitrogen fertilization of turfgrass[J]. Crop Science,2002,42(4):1225 –1231.

[188]BASSETTC,BALDO A M,MOORE J T,et al. Genes responding to water deficit in apple (Malus domestica Borkh.) roots[J]. BMC Plant Biology,2014, 14(1),182.

[189]DUAN J F,TIAN H,GAO Y J. Expression of nitrogen transporter genes in roots of winter wheat (Triticum aestivum L.) in response to soil drought with contrasting nitrogen supplies[J]. Crop and Pasture Science,2016,67(2): 128 –136.

[190]GUO F Q,YOUNG J,CRAWFORD N M. The nitrate transporter *AtNRT*1. 1 (*CHL*1) functions in stomatal opening and contributes to drought susceptibility in Arabidopsis[J]. Plant Cell,2003,15(1):107 – 117.

[191]WANG H,YANG Z Z,YU Y N,et al. Drought enhances nitrogen uptake and assimilation in maize roots[J]. Agronomy Journal,2017,109(1):39 – 46.

[192]PARUL G,KUMAR S A. Abiotic stresses downregulate key genes involved in nitrogen uptake and assimilation in *Brassica juncea* L. [J]. PLoS ONE,2015, 10(11):e0143645.

[193]MENG S,ZHANG C X,SU L,et al. Nitrogen uptake and metabolism of Populus simonii in response to PEG – induced drought stress[J]. Environmental and Experimental Botany,2016,123:78 – 87.

[194]VASEVA I I,QUDEIMAT E,POTUSCHAK T,et al. The plant hormone ethylene restricts Arabidopsis growth via the epidermis[J]. Proceedings of the National Academy of Sciences,2018,115(17):E4130 – E4139.

[195]PEREIRA A E S,SILVA P M,OLIVEIRA J L ,et al. Chitosan nanoparticles as carrier systems for the plant growth hormone gibberellic acid[J]. Colloids and Surfaces B: Biointerfaces,2016,150:141 – 152.

[196]LUBNA, ASAF S, HAMAYUN M, et al. Aspergillus niger CSR3 regulates plant endogenous hormones and secondary metabolites by producing gibberellins and indoleacetic acid[J]. Journal of Plant Interactions,2018,13(1): 100 – 111.

[197]ZHENG D H,HAN X,AN Y,et al. The nitrate transporter NRT2. 1 functions in the ethylene response to nitrate deficiency in Arabidopsis[J]. Plant,Cell & Environment,2013,36(7):1328 – 1337.

[198]CAMAÑES G,PASTOR V,CEREZO M,et al. A deletion in *NRT*2. 1 attenuates pseudomonas syringae – induced hormonal perturbation,resulting in primed plant defenses[J]. Plant Physiology,2012,158(2):1054 – 1066.

[199]NISHIMURA N, SARKESHIK A, NITO K, et al. *PYR/PYL/RCAR* family members are major in – vivo ABI1 protein phosphatase 2C – interacting proteins in Arabidopsis[J]. The Plant Journal,2009,61(2):290 – 299.

[200]YOSHIDA T,FUJITA Y,MARUYAMA K,et al. Four *Arabidopsis* AREB/ABF

transcription factors function predominantly in gene expression downstream of SnRK2 kinases in abscisic acid signaling in response to osmotic stress[J]. Plant, Cell & Environment, 2015, 38(1), 35 - 49.

[201]SHEN X J, GUO X, ZHAO D, et al. Cloning and expression profiling of the *PacSnRK2* and *PacPP2C* gene families during fruit development, ABA treatment, and dehydration stress in sweet cherry[J]. Plant Physiology Biochemistry, 2017, 119, 275 - 285.

[202]SUN L, WANG Y P, CHEN P, et al. Transcriptional regulation of *SlPYL*, *SlPP2C*, and *SlSnRK2* gene families encoding ABA signal core components during tomato fruit development and drought stress[J]. Journal Experimental Botany, 2011, 62(15), 5659 - 5669.

[203]FUJITA Y, YOSHIDA T, YAMAGUCHI - SHINOZAKI K. Pivotal role of the AREB/ABF - SnRK2 pathway in ABRE - mediated transcription in response to osmotic stress in plants [J]. Physiologia Plantarum, 2013, 147 (1): 15 - 27.

[204]ALI - RACHEDI S, BOUINOT D, MARIE - HÉLÈNE W, et al. Changes in endogenous abscisic acid levels during dormancy release and maintenance of mature seeds: studies with the Cape Verde Islands ecotype, the dormant model of *Arabidopsis thaliana*[J]. Planta (Berlin), 2004, 219(3):479 - 488.

[205]GOJON A, KROUK G, PERRINE - WALKER F, et al. Nitrate transceptor(s) in plants[J]. Journal of Experimental Botany, 2011, 62(7):2299 - 2308.

[206]KANNO Y, KAMIYA Y, SEO M. Nitrate does not compete with abscisic acid as a substrate of *AtNPF*4. 6/*NRT*1. 2/*AIT*1 in Arabidopsis[J]. Plant Signaling Behavior, 2013, 8(12):e26624.

[207]MILLER A J, SMITH S J. Cytosolic nitrate ion homeostasis: Could it have a role in sensing nitrogen status? [J]. Annals Botany, 2008, 101 (4): 485 - 489.

[208]VINAUGER - DOUARD M, WOLLMAN F A, ALLOT M, et al. Two members of the Arabidopsis *CLC* (chloride channel) family, *AtCLCe* and *AtCLCf*, are associated with thylakoid and Golgi membranes, respectively[J]. Journal of Experimental Botany, 2007, 58(12):3385 - 3393.

[209]LEE J M,ROCHE J R,DONAGHY D J,et al. Validation of reference genes for quantitative RT - PCR studies of gene expression in perennial ryegrass (*Lolium perenne* L.)[J]. BMC Molecular Biology,2010,11(8):1 - 14.

[210]HONG S Y,SEO P J,YANG M S,et al. Exploring valid reference genes for gene expression studies in Brachypodium distachyon by real - time PCR[J]. BMC Plant Biology,2008,8(1):112.

[211]RAY D L,JOHNSON J C. Validation of reference genes for gene expression analysis in olive (*Olea europaea*) mesocarp tissue by quantitative real - time RT - PCR[J]. BMC Research Notes,2014,7(1):1 - 12.

[212]HU R B,FAN C M,LI H Y,et al. Evaluation of putative reference genes for gene expression normalization in soybean by quantitative real - time RT - PCR [J]. BMC Molecular Biology,2009,10(93).

[213]NIU K J,SHI Y,MA H L. Selection of candidate reference genes for gene expression analysis in kentucky bluegrass (*Poa pratensis* L.) under abiotic stress[J]. Frontiers in Plant Science,2017,8:193.